Lecture Notes in Mathematics

Edited by A. Dold and B. Eckmann

1082

Claus-Günther Schmidt

Arithmetik Abelscher Varietäten mit komplexer Multiplikation

Springer-Verlag
Berlin Heidelberg New York Tokyo 1984

Autor

Claus-Günther Schmidt
Institut des Hautes Etudes Scientifiques
91440 Bures-sur-Yvette, France

AMS Subject Classification (1980): 14K22, 10D25, 10D45, 12A35, 14G05

ISBN 3-540-13863-3 Springer-Verlag Berlin Heidelberg New York Tokyo
ISBN 0-387-13863-3 Springer-Verlag New York Heidelberg Berlin Tokyo

CIP-Kurztitelaufnahme der Deutschen Bibliothek. Schmidt, Claus-Günther: Arithmetik Abelscher Varietäten mit komplexer Multiplikation / Claus-Günther Schmidt. – Berlin; Heidelberg; New York; Tokyo: Springer, 1984.
(Lecture notes in mathematics; 1082)
ISBN 3-540-13863-3 (Berlin ...)
ISBN 0-387-13863-3 (New York ...)
NE: GT

Printing and binding: Beltz Offsetdruck, Hemsbach / Bergstr.
2146/3140-543210

V O R W O R T

Mein besonderer Dank gilt Prof. G. Frey für kritische Durchsicht des Manuskripts und Verbesserungsvorschläge. Ebenso möchte ich hier Prof. Serge Lang danken für die freundliche Überlassung eines Vorabdrucks seines kürzlich erschienenen Buchs über "Complex multiplication".

Das Tippen des Manuskripts hat dankenswerterweise das Sekretariat des Institut des Hautes Etudes Scientifiques übernommen.

Bures-sur-Yvette, Mai 1984

Claus-Günther Schmidt

INHALTSVERZEICHNIS

SUMMARY

Since Kronecker, number theorists have kept exploiting the idea of generating abelian extensions of number fields by means of special values of appropriately chosen analytic functions. One of the most beautiful contributions to this program, which is also known as Hilbert's 12th problem, is the theory of complex mulitplication on abelian varieties built up by Shimura and Taniyama. It supplies firstly for these CM-varieties a proof of Weils's conjecture and secondly, by adjunction of torsion points of abelian varieties to certain number fields, a tool to construct controlled ramified abelian extensions. The interaction which then occurs between the arithmetic of a CM-field and the geometry of a corresponding CM-variety has already been exploited repeatedly, either for generating class fields (see Shimura [S1] , Kubota [Ku] and others) or in the opposite direction, for instance in the analysis of the Mordell-Weil group (Gross, Rohrlich [G-Ro] of certain CM-varieties or in the study of the Hodge conjecture (resp. Tate conjecture) for CM-varieties by Pohlmann, Shioda and Deligne. That interaction, which is also the crucial feature of this book, is essentially based on the corresponding Größencharakter of type A_0. Under certain conditions this Größencharakter supplies an annihilator of the class group of the CM-field, via the description of the prime decomposition of its values (as a divisor character) by its infinity type. In this way one can for instance recover, independently of Stickelberger's theorem, the classical Kummer-Jacobi-relations which describe the annihilation of the class group of a cyclotomic field by so-called Stickelberger elements. However it is not at all clear, whether by this procedure all annihilators of a certain type have already been found. Further, thinking of the fundamental role of the Kummer-Jacobi-relations in the arithmetic of cyclotomic fields, it would be important to find their analogue for arbitrary CM-fields. Therefore, to work out systematically the geometric conditions on CM-varieties leading to annihilators of class groups seems to be promising and is among other things one of the major goals of this work.

Chapter I begins by giving the basic properties of Größencharaktere of type A_0, analyzing the group of infinity-types and introducing the so-called "test character" with respect to an infinity-type. The key lemma 2.1 which ensures the existence of the test character, has consequences of two kinds. First of all it immediately yields Iwasawa's theorem [I1] on the characterization of annihilators of the class group as the infinity-types of Größencharaktere with prescribed field of values. Further, applied to infinity-types corresponding to halfsystems, it lies at the core of Shimura's construction of polarized CM-varieties [S3] which are already defined over their field of moduli. The first chapter ends with a comparison of two naturally arising groups of infinity-types of Größencharaktere of an imaginary abelian number field K. One is $\tilde{J}_K$, the group of infinity-types of Jacobi sums and the other one is $\tilde{S}_K$, built up from products of Gauss sums, which in general is larger than $\tilde{J}_K$. If we denote by $\mathcal{O}^*$ the maximal order of the rational group ring of the Galois group G of K/$\mathbb{Q}$, we show for the $\mathcal{O}^*$-span J^* (resp. S^*) of $\tilde{J}_K$ (resp. $\tilde{S}_K$) that the quotient S^*/J^* is a 2-elementary abelian group with a certain bound for the 2-rank (see Satz A.1).

The second chapter starts with a summary of those parts of the theory of complex multiplication which are relevant for our purposes, augmented by several recent results such as, for instance, Schappacher's existence theorem [Scha] for primitive CM-types or the lower bounds for the rank of CM-types by Kubota, Ribet [Ku, R2] . Following this, we determine for a given Größencharakter ψ all CM-varieties whose corresponding Größencharakter is equal to ψ (Satz 3.4). Furthermore we obtain a splitting criterion for the associated CM-varieties, in which the field of values of ψ is involved (Satz 3.5) and which supplies a first annihilator criterion (Kor. 3.6).

In the third chapter we consider abstract CM-types of abelian groups G with respect to an involution ρ. The main result here is the existence theorem for halfsystems of full rank, which for any G non-isomorphic to the Kleinian 4-group yields the existence of a halfsystem $H \subseteq G$ of maximal rank

$$\mathrm{rg}_{\mathbb{Z}}(\mathbb{Z}[G]\cdot\sum_{\tau\in H}\tau) = 1 + |G|/2.$$

This improves, for abelian G, Schappacher's existence theorem of primitive CM-types, since every halfsystem of full rank is primitive but the converse is in general false. Also we show a formula for the index of the $\mathbb{Z}[G]$-span of the given halfsystem in the span $U(A_0)$ of all halfsystems. For cyclic G this index formula tells us that there is even a choice of H such that

$$\mathbb{Z}[G] \cdot \sum_{\tau \in H} \tau = U(A_0).$$

Chapter IV deals with geometric annihilator criteria. First of all we discuss a sufficient condition for a Größencharakter to provide an annihilator of the class group: This is the automorphy rule, well known already from Jacobi sums. This rule can be characterized by the behavior of the isogeny class of a corresponding CM-variety under conjugation (Satz 1.4). It is followed by exact criteria which establish a given infinity-type (not necessarily of halfsystem type) as annihilator of the class group, via the existence of an appropriate CM-variety or, in the case of halfsystem types, via the splitting behavior of a given CM-variety. Also among other things the annihilation property of a Größencharakter is interpreted as the diagonalizability of Frobenius automorphisms under a certain ℓ-adic representation.

At the beginning of the fifth chapter we introduce the concept of "$\mathbb{Q}$-varieties", generalizing B. Gross' $\mathbb{Q}$-curves (see [G]). For cyclic CM-fields we prove a series of existence statements and we extend the classification theorem on $\mathbb{Q}$-curves to $\mathbb{Q}$-varieties. There follows an analysis (which is slightly modified as compared with Shimura's work [S1]) of the unramified extensions given by fields of moduli. The field of moduli as well as the field of values of a test character constitute a measure of how far away a given infinity-type is from being an annihilator of the class group. This fact is shown to rely quantitatively on a duality with respect to a certain pairing and the index of all annihilators of the class group in the group of all infinity types is described in terms of Galois cohomology. Further, the duality between the field of values and the field of moduli is interpreted geometrically, via descent theory, by proving the existence of a certain CM-structure on the restriction of scalars of a corresponding CM-variety.

In Chapter VI we describe the $\mathbb{Q}$- (resp. $\widetilde{\mathbb{Q}}$-) isogenous splitting of the Jacobian of the Fermat-curve into CM-varieties and we identify the corresponding Größencharaktere as Jacobi sums. Thus we obtain, in particular, a proof of the Kummer-Jacobi-relations which works without using Gauss sums. In conclusion we discuss what kind of new "Kummer-Jacobi-relations" the geometric method of chapter IV might eventually yield.

EINLEITUNG

Seit Kronecker zehrt die Zahlentheorie von der Idee, Abelsche Erweiterungen von Zahlkörpern durch spezielle Werte geeigneter analytischer Funktionen zu erzeugen. Dieses auch als zwölftes Hilbertsches Problem bekannte Programm erfuhr eine seiner schönsten Bestätigungen durch die Theorie der komplexen Multiplikation auf Abelschen Varietäten von Shimura und Taniyama. Sie liefert einerseits für jene CM-Varietäten einen Beweis der Weilschen Vermutungen und andererseits durch Adjunktion von Torsionspunkten der Abelschen Varietäten an gewisse Zahlkörper die Möglichkeit, kontrolliert verzweigte Abelsche Erweiterungen zu konstruieren. Die dabei auftretende Wechselwirkung zwischen der Arithmetik eines CM-Körpers und der Geometrie einer zugehörigen CM-Varietät hat sich schon wiederholt als sehr nützlich erwiesen, sei es zur Erzeugung von Klassenkörpern (vgl. Shimura [S1], Kubota [Ku] u. a.) oder umgekehrt etwa zur Untersuchung der Mordell-Weil-Gruppe (Gross, Rohrlich [G-Ro]) gewisser CM-Varietäten oder beim Studium der Hodge-Vermutung (bzw. Tate-Vermutung) für CM-Varietäten durch Pohlmann, Shioda und Deligne. Jene Wechselwirkung, die auch der Angelpunkt der vorliegenden Arbeit ist, beruht wesentlich auf dem der CM-Varietät zugeordneten Grössencharakter vom Typ A_0, der unter Umständen über die Beschreibung der Primzerlegung seiner Werte (als Divisorcharakter) durch seinen Unendlichtyp einen Annullator der Klassengruppe des CM-Körpes liefert. Man kann etwa die klassischen Kummer-Jacobi-Relationen, welche die Annullation der Klassengruppe eines Kreiskörpers durch sog. Stickelberger-Elemente beschreiben, unabhängig vom Stickelbergerschen Satz auf diesem Wege finden. Es ist jedoch völlig unklar, ob man damit schon alle Annullatoren, bzw. solche eines gewissen Typs gefunden hat. Ferner wäre es sehr wichtig, im Hinblick auf die fundamentale Bedeutung der Kummer-Jacobi-Relationen für die Arithmetik von Kreiskörpern, deren Analogon für beliebige CM-Körper zu finden. Deshalb liegt es nahe, und dies ist u. a. ein Anliegen dieser Arbeit, systematisch die geometrischen Bedingungen an CM-Varietäten auszuloten, welche zu Klassengruppenannullatoren führen.

In Kapitel I werden zunächst die wichtigsten Eigenschaften der Grössencharaktere vom Typ A_0 bereitgestellt, die Gruppe $u(\mathcal{G}_0)$ der Unendlichtypen analysiert und der sog. "Testcharakter" zu einen Unendlichtyp eingeführt. Das Schlüssellemma 2.1, das die

Existenz des Testcharakters sichert, hat zweierlei Konsequenzen. Einerseits liefert es unmittelbar Iwasawas Satz [I1] über die Charakterisierung von Klassengruppenannullatoren in $u(\mathfrak{g}_0)$ als die Unendlichtypen von Grössencharakteren mit vorgegebenem Wertekörper. Andererseits bildet es, angewandt auf Halbsystem-Unendlichtypen, den Kern von Shimuras Konstruktion polarisierter CM-Varietäten [S3], welche bereits über ihrem Modulikörper definiert sind. Das erste Kapitel endet mit einem Vergleich der von den Grössencharakteren aus Jacobi-Summen erzeugten Gruppe von Unendlichtypen $\tilde{J}_K$ eines imaginären Abelschen Zahlkörpers K mit der entsprechend aus Produkten von Gauss-Summen gebildeten, i. allg. grösseren Gruppe von Unendlichtypen $\tilde{S}_K$. Bezeichnet $\mathcal{O}^*$ die Maximalordnung der rationalen Gruppenalgebra der Galois-Gruppe G von K, so wird für das $\mathcal{O}^*$-Erzeugnis J^* bzw. S^* von $\tilde{J}_K$ bzw. $\tilde{S}_K$ gezeigt : S^*/J^* ist 2-elementarabelsch mit einer gewissen Schranke für den 2-Rang (vgl. Satz A.1).

Das zweite Kapitel beginnt mit einem Abriss der für die späteren Anwendungen relevanten Teile der Theorie der komplexen Multiplikation, angereichert durch einige Ergebnisse jüngeren Datums wie etwa Schappachers Existenzsatz [Scha] für primitive CM-Typen oder die untere Rangabschätzung von CM-Typen nach Kubota, Ribet [Ku,R2]. Im Anschluss daran werden für einen vorgegebenen Grössencharakter ψ alle CM-Varietäten bestimmt, deren zugehöriger Grössencharakter gleich ψ ist (Satz 3.4). Ferner resultiert ein Zerfallskriterium der CM-Varietäten zu ψ, das sich am Wertekörper von ψ orientiert (Satz 3.5) und ein erstes Annullatorkriterium (Kor. 3.6) liefert.

Im dritten Kapitel werden abstrakte CM-Typen zu Abelschen Gruppen G mit einer Involution ρ betrachtet. Das Hauptresultat ist der Existenzsatz für Vollranghalbsysteme, welcher für jedes G, das nicht isomorph zur Kleinschen Vierergruppe ist, die Existenz eines Halbsystems $H \subseteq G$ mit maximalem Rang

$$\mathrm{rg}_{\mathbb{Z}}(\mathbb{Z}[G]\cdot \sum_{\tau\in H} \tau) = \frac{|G|}{2} + 1$$

liefert. Dies verschärft für Abelsche G den Schappacherschen Existenzsatz für primitive CM-Typen, da jedes Vollranghalbsystem primitiv ist, jedoch die Umkehrung i. allg. nicht gilt. Ferner lässt sich eine Formel für den Index des $\mathbb{Z}[G]$-Erzeugnisses des angegebenen Vollranghalbsystems im Erzeugnis $U(A_0)$ aller Halbsysteme angeben. Für zyklisches G besagt jene Indexformel, dass H sogar so wählbar ist, dass gilt :

$$\mathbb{Z}[G]\cdot \sum_{\tau\in H} \tau = U(A_0) \quad .$$

Kapitel IV behandelt geometrische Annullatorkriterien. Zunächst wird eine hinreichende Bedingung dafür, dass ein Grössencharakter einen Annullator der Klassengruppe liefert, untersucht : die von Jacobi-Summen wohlbekannte Automorphieregel. Diese lässt sich durch das Isogenieverhalten der zugehörigen CM-Varietät bei Konjugation charakterisieren (Satz 1.4). Es folgen genaue Kriterien, die einen vorgegebenen Unendlichtyp (nicht notwendig vom Halbsystemtyp) als Klassengruppenannullator nachweisen durch die Existenz einer geeigneten CM-Varietät bzw. für Halbsystemtypen durch das Zerfallsverhalten einer vorgegebenen CM-Varietät. Ferner wird u. a. die Annullatoreigenschaft eines Grössencharakters als Diagonalisierbarkeit von Frobenius-Automorphismen bei einer gewissen ℓ-adischen Darstellung interpretiert.

Zu Beginn des fünften Kapitels wird das Konzept der "$\mathbb{Q}$-Varietäten" eingeführt in Verallgemeinerung von B. H. Gross $\mathbb{Q}$-Kurven (vgl. [G]) ; es werden für zyklische CM-Körper eine Reihe von Existenzaussagen gezeigt und der Klassifikationssatz für $\mathbb{Q}$-Kurven auf $\mathbb{Q}$-Varietäten ausgedehnt. Es folgt eine gegenüber Shimura [S1] leicht modifizierte Analyse der unverzweigten Erweiterungen aus Modulikörpern. Sowohl Modulikörper als auch Wertekörper eines Testcharakters bilden ein Mass dafür, wie stark ein vorgegebener Unendlichtyp davon abweicht, Klassengruppenannullator zu sein. Diese Tatsache wird quantitativ auf eine Dualität zu einer gewissen Paarung zurückgeführt, und es wird der Index aller Klassengruppenannullatoren in der Gruppe der Unendlichtypen galoiskohomologisch beschrieben. Ferner wird die Dualität zwischen Wertekörper und Modulikörper geometrisch interpretiert via Descent-Theorie durch den Nachweis einer bestimmten CM-Struktur auf der Skalarrestriktion einer zugehörigen CM-Varietät.

Im Kapitel VI werden der $\mathbb{Q}$- (bzw. $\overline{\mathbb{Q}}$-) isogene Zerfall der Jacobischen der Fermat-Kurve in CM-Varietäten beschrieben und die zugehörigen Grössencharaktere als Jacobi-Summen identifiziert. Dabei fällt insbesondere ein Beweis der Kummer-Jacobi-Relationen ab, der ohne die Berechnung von Gauss-Summen auskommt. Zum Schluss werden einige Betrachtungen und Mutmassungen darüber angestellt, was die geometrische Methode des vierten Kapitels an neuen Kummer-Jacobi-Relationen liefern kann.

Die vorliegende Arbeit entstand teilweise während meines Aufenthaltes am Department of Mathematics der Harvard University in Cambridge (Mass.) im Laufe des akad. Jahres 1980/81. Dem Gastinstitut und insbesondere Prof. B. Mazur möchte ich hier für ihre überaus freundliche und herzliche Aufnahme danken. Es ist mir eine besondere Freude, an dieser Stelle Herrn Prof. Dr. H.W. Leopoldt dafür zu danken, dass er meine Aufmerksamkeit auf den Problemkreis dieser Arbeit gelenkt hat und ihr Entstehen stets mit grossem Interesse verfolgte.

I. GRÖSSENCHARAKTERE VOM TYP A_o

1. Idelklassencharaktere und zugehörige Divisorfunktionen

Sei K ein endlicher Erweiterungskörper von $\mathbb{Q}$ vom Grad $(K:\mathbb{Q}) = g$ mit den reellen Einbettungen $\tau_i : K \longrightarrow \mathbb{R}$ $(i = 1,\ldots,r_1)$ und komplexen Einbettungen $\sigma_j : K \longrightarrow \mathbb{C}$ $(j = 1,\ldots,r_2)$, sodass alle Einbettungen in $\mathbb{C}$ gegeben sind durch $\mathrm{Iso}(K,\mathbb{C}) = \{\tau_1,\ldots,\tau_{r_1},\sigma_1,\ldots,\sigma_{r_2},\rho\sigma_1,\ldots,\rho\sigma_{r_2}\}$ mit ρ = komplexe Konjugation. $H := \{\sigma_1,\ldots,\sigma_{r_2}\}$ heisst ein Halbsystem komplexer Einbettungen. Die τ_i, σ_j entsprechen bekanntlich genau den Äquivalenzklassen $\mathfrak{p}$ archimedischer (oder Unendlich-) Bewertungen $v_{\mathfrak{p}}$ von K, kurz : $\mathfrak{p}|\infty$. Für eine (archimedische order nichtarchimedische) Äquivalenzklasse $\mathfrak{p}$ von Bewertungen von K bezeichne $K_{\mathfrak{p}}$ die Vervollständigung von K bezüglich $\mathfrak{p}$ und $U_{\mathfrak{p}}$ für nichtarchimedische (oder endliche) $\mathfrak{p}$ die lokale Einheitengruppe in $K_{\mathfrak{p}}$

$$U_{\mathfrak{p}} := \{\{x \in K_{\mathfrak{p}}^{\times} ; \mathrm{ord}_{\mathfrak{p}}(x) = 0\}$$

mit der normierten (Exponenten-) Bewertung $v_{\mathfrak{p}} = \mathrm{ord}_{\mathfrak{p}}$ bzw. $U_{\mathfrak{p}} : = K_{\mathfrak{p}}^{\times}$ für $\mathfrak{p}|\infty$. Die Idelgruppe von K ist gegeben durch

$$I = \{(a_{\mathfrak{p}}) \in \prod_{\text{alle } \mathfrak{p}} K_{\mathfrak{p}}^{\times} ; v_{\mathfrak{p}}(a_{\mathfrak{p}}) \neq 0 \text{ nur für endl. viele } \mathfrak{p}\ \} .$$

I ist eine topologische Gruppe, deren Topologie etwa durch die folgende Umgebungsbasis der Eins festgelegt ist :

$$\prod_{\mathfrak{p}\in S} W_{\mathfrak{p}} \times \prod_{\mathfrak{p}\notin S} U_{\mathfrak{p}}$$

wobei $W_{\mathfrak{p}}$ eine Umgebungsbasis der Eins von $K_{\mathfrak{p}}^{\times}$ und S alle endlichen Mengen von Bewertungsäquivalenzklassen $\mathfrak{p}$ durchläuft. Die multiplikative Gruppe $K^{\times}$ von K lässt sich auffassen als eine diskrete Untergruppe der lokalkompakten Abelschen Gruppe I vermöge der natürlichen Zuordnung $\alpha \longmapsto (\alpha_{\mathfrak{p}})$ mit $\alpha_{\mathfrak{p}} = \iota_{\mathfrak{p}}(\alpha)$ für je eine Einbettung $\iota_{\mathfrak{p}} : K \longrightarrow K_{\mathfrak{p}}$, wobei

$$\{\iota_{\mathfrak{p}} ;\ \mathfrak{p}|\infty\} = \{\tau_1,\ldots,\tau_{r_1},\sigma_1,\ldots,\sigma_{r_2}\} .$$

Wir setzen

$$I_o := \{(a_{\mathfrak{p}}) \in I ; a_{\mathfrak{p}} = 1 \text{ für } \mathfrak{p}|\infty\}$$

und

$$I_{\infty} := \{(a_{\mathfrak{p}}) \in I ; a_{\mathfrak{p}} = 1 \text{ für } \mathfrak{p}\nmid\infty\} .$$

Jedes $\alpha \in K^{\times}$ hat eine eindeutige Darstellung der Form $\alpha = \alpha_o \cdot \alpha_{\infty}$ mit $\alpha_o \in I_o$ und $\alpha_{\infty} \in I_{\infty}$.

Definition 1.1 : Ein stetiger Homomorphismus $\psi : I \longrightarrow \mathbb{C}^\times$ mit $\psi(K^\times) = 1$ heisst ein Grössencharakter von K (auch Heckecharakter oder Quasicharakter). Ein Grössencharakter ψ ist vom Typ A_o , falls Zahlen a_σ , $g_i \in \mathbb{Z}$ existieren derart, dass gilt

$$\psi(\alpha_\infty) = \prod_{i=1}^{r_1} \operatorname{sgn}(\tau_i(\alpha))^{g_i} \prod_{\sigma\in \operatorname{Iso}(K,\mathbb{C})} \sigma(\alpha)^{a_\sigma}$$

für $\alpha \in K^\times$.

Die Grössencharaktere (vom Typ A_o) von K bilden eine multiplikative Abelsche Gruppe $\mathcal{G}(K) = \mathcal{G}$ (bzw. $\mathcal{G}_o(K) = \mathcal{G}_o$) und die Zuordnung

$$u : \mathcal{G}_o \longrightarrow \mathbb{Z}^g , \ \psi \longmapsto \underline{a} = (a_\sigma)$$

ist ein Homomorphismus, der per definitionem jedem ψ seinen Unendlichtyp $u(\psi)$ zuordnet. Die Wohldefiniertheit von u ergibt sich nach Artin aus der algebraischen Unabhängigkeit der verschiedenen Einbettungen $\sigma : K \longrightarrow \mathbb{C}$.
Bei vorgegebenem Grössencharakter $\psi \in \mathcal{G}$ nennen wir jeden Grössencharakter $\varphi \in \mathcal{G}$ von der Form $\varphi = \varepsilon\cdot\psi$ mit $\varepsilon \in \operatorname{Ker}(u)$ einen Twist von ψ .

Proposition 1.2 : Der Kern von u ist das Pontrjagin-Dual zur Galoisgruppe der maximal Abelschen Erweiterung K_{ab} von K , d. h.

$$\operatorname{Ker}(u) = \widehat{G(K_{ab}/K)} \quad .$$

Beweis. Jeder Charakter χ von $G(K_{ab}/K)$ ist via Klassenkörpertheorie ein Charakter der Idelklassengruppe $C = I/K^\times$, welcher auf C^o , der Zusammenhangskomponenten der Eins, trivial ist. Als Charakter der kompakten, total unzusammenhängenden Gruppe $G(K_{ab}/K)$ ist χ von endlicher Ordnung, und als Idelcharakter induziert χ für jedes $\mathfrak{p}$ durch Einschränkung auf die $\mathfrak{p}$-Komponente einen lokalen Charakter $\chi_\mathfrak{p} : K_\mathfrak{p}^\times \longrightarrow \mathbb{C}^\times$, der für $\mathfrak{p}|\infty$ als $\mathbb{C}$-wertiger Charakter von $\mathbb{R}^\times$ bzw. $\mathbb{C}^\times$ notwendig von der Form

$$\chi_\mathfrak{p}(u) = |u|^{s_\mathfrak{p}}\cdot(u/|u|)^{g_\mathfrak{p}} \tag{1}$$

mit $s_\mathfrak{p} \in \mathbb{C}$, $g_\mathfrak{p} \in \mathbb{Z}$ ist. Insbesondere ist dann

$$\chi(\alpha_\infty) = \prod_{\mathfrak{p}|\infty} |\alpha_\mathfrak{p}|^{s_\mathfrak{p}}\cdot(\alpha_\mathfrak{p}/|\alpha_\mathfrak{p}|)^{g_\mathfrak{p}} \quad .$$

Da mit χ auch $\chi_\mathfrak{p}$ von endlicher Ordnung ist, folgt

$$\chi(\alpha_\infty) = \prod_{\mathfrak{p}\ \text{reell}} (\alpha_\mathfrak{p}/|\alpha_\mathfrak{p}|)^{g_\mathfrak{p}}$$

und somit $u(\chi) = (0,\dots,0)$.

Ist umgekehrt $\chi \in \operatorname{Ker}(u)$, so wird nach dem Vorangegangenen $\chi^2(I_\infty) = 1$. Die Stetigkeit von χ bewirkt ferner, dass ein ganzer Divisor $\mathfrak{f} = \prod_\mathfrak{p} \mathfrak{p}^{n_\mathfrak{p}}$ existiert derart, dass für $\mathfrak{p} | \mathfrak{f}$ (d. h. $n_{\mathfrak{p}} > 0$) gilt

$$\chi_{\mathfrak{p}}(a_{\mathfrak{p}}) = 1 \quad \text{falls} \quad \mathrm{ord}_{\mathfrak{p}}(a_{\mathfrak{p}}-1) \geq n_{\mathfrak{p}} \tag{2}$$

und für $\mathfrak{p} \nmid \mathfrak{f}$

$$\chi_{\mathfrak{p}}(a_{\mathfrak{p}}) = 1 \quad \text{falls} \quad a_{\mathfrak{p}} \in U_{\mathfrak{p}} \quad . \tag{3}$$

Multiplizieren wir ein beliebiges Idel $(a_{\mathfrak{p}})$ mit einem $\alpha \in K^{\times}$, das die Approximationsaufgabe

$$\mathrm{ord}_{\mathfrak{p}}(a_{\mathfrak{p}}-\alpha^{-1}) \geq n_{\mathfrak{p}} + \mathrm{ord}_{\mathfrak{p}}(a_{\mathfrak{p}}) \quad \text{für} \quad \mathfrak{p}|\mathfrak{f}$$

löst, so wird

$$\mathrm{ord}_{\mathfrak{p}}(\alpha \cdot a_{\mathfrak{p}}-1) \geq n_{\mathfrak{p}} \quad \text{für} \quad \mathfrak{p}|\mathfrak{f} \quad ,$$

also wegen $\chi((a_{\mathfrak{p}})) = \chi(\alpha \cdot (a_{\mathfrak{p}}))$

$$\chi((a_{\mathfrak{p}})) = \prod_{\mathfrak{p}|\mathfrak{f}} \chi_{\mathfrak{p}}(\alpha \cdot a_{\mathfrak{p}}) \cdot \prod_{\mathfrak{p}\nmid\infty\mathfrak{f}} \chi_{\mathfrak{p}}(\alpha \cdot a_{\mathfrak{p}}) \cdot \prod_{\mathfrak{p}|\infty} \chi_{\mathfrak{p}}(\alpha \cdot a_{\mathfrak{p}}) \quad ,$$

worin das erste Produkt nach obigem gleich Eins wird und das letzte Produkt wegen $\chi^2(I_{\infty}) = 1$ die Werte ± 1 annimmt. Der Wert des zweiten Produkts hängt nur ab von dem Divisor $\prod_{\mathfrak{p}\nmid\mathfrak{f}} \mathfrak{p}^{\mathrm{ord}_{\mathfrak{p}}(\alpha \cdot a_{\mathfrak{p}})} = \mathfrak{a}$. Durch Potenzieren mit der Strahlklassenzahl $h_{\mathfrak{f}}$ erreichen wir : $\mathfrak{a}^{h_{\mathfrak{f}}} = (\beta)$ ist Hauptdivisor mit $\beta \in K^{\times}$, $\mathrm{ord}_{\mathfrak{p}}(\beta-1) \geq n_{\mathfrak{p}}$ für $\mathfrak{p}|\mathfrak{f}$, also

$$\prod_{\mathfrak{p}\nmid\infty\mathfrak{f}} \chi_{\mathfrak{p}}(\alpha \cdot a_{\mathfrak{p}})^{2 \cdot h_{\mathfrak{f}}} = \prod_{\mathfrak{p}\nmid\infty} \chi_{\mathfrak{p}}^2(\beta) = \chi^2(\beta) = 1 \quad .$$

Somit hat χ endliche Ordnung, ist notwendig trivial auf C^{o} und demnach ein Charakter von $G(K_{ab}/K)$.

Der zu gegebenem Grössencharakter ψ kleinste ganze Divisor $\mathfrak{f}_{\psi}$ mit den Eigenschaften (2), (3) heisst der Führer von ψ . Für einen ganzen Divisor $\mathfrak{m}$ bezeichne $\mathbb{D}^{(\mathfrak{m})}$ die Gruppe aller zu $\mathfrak{m}$ primen Divisoren, also $\mathbb{D} = \mathbb{D}_K = \mathbb{D}^{(1)}$ die Gruppe aller Divisoren von K und $\mathbb{H}_{\mathfrak{m}}$ die Untergruppe der Hauptdivisoren (α) mit $\alpha \equiv 1 \ (\mathfrak{m})$. Im Beweis von Prop. 1.2 wurde bereits angedeutet, dass ein Grössencharakter ψ einen Homomorphismus von $\mathbb{D}$ in $\mathbb{C}^{\times}$, kurz eine Divisorfunktion, definiert. Das Prinzip dabei ist das folgende : Sei $\mathfrak{m}$ ein Vielfaches des Führers $\mathfrak{f}$ von ψ . Für $\mathfrak{p}\nmid\infty\mathfrak{m}$ ist $\psi_{\mathfrak{p}}(U_{\mathfrak{p}}) = 1$, also

$$\psi_{\mathfrak{p}}(a_{\mathfrak{p}}) = \psi_{\mathfrak{p}}(\pi_{\mathfrak{p}})^{\mathrm{ord}_{\mathfrak{p}}(a_{\mathfrak{p}})} \tag{4}$$

für jedes Primelement $\pi_{\mathfrak{p}} \in K_{\mathfrak{p}}$. Man definiert also eine Divisorfunktion

$$\tilde{\psi} : \mathbb{D}^{(\mathfrak{m})} \longrightarrow \mathbb{C}^{\times} , \quad \prod_{\mathfrak{p}} \mathfrak{p}^{n_{\mathfrak{p}}} \longmapsto \prod_{\mathfrak{p}} \psi_{\mathfrak{p}}(\pi_{\mathfrak{p}})^{n_{\mathfrak{p}}}$$

unabhängig von der speziellen Wahl der $\pi_{\mathfrak{p}}$. Für Hauptdivisoren (α) mit $\alpha \equiv 1 (\mathfrak{m})$

gilt dann

$$\tilde{\psi}((\alpha)) = \prod_{\mathfrak{p}\nmid\infty} \psi_{\mathfrak{p}}(\alpha) = \psi(\alpha_o) = \psi(\alpha_\infty)^{-1} . \qquad (5)$$

Umgekehrt bestimmt jede Divisorfunktion $X : \mathbb{D}^{(\mathfrak{m})} \longrightarrow \mathbb{C}^\times$ mit

$$X((\alpha)) = \prod_{\mathfrak{p}|\infty} |\alpha_{\mathfrak{p}}|^{s_{\mathfrak{p}}} \cdot (\alpha_{\mathfrak{p}}/|\alpha_{\mathfrak{p}}|)^{g_{\mathfrak{p}}} \quad \text{für} \quad \alpha \equiv 1(\mathfrak{m}) \qquad (5')$$

(wobei $s_{\mathfrak{p}} \in \mathbb{C}$, $g_{\mathfrak{p}} \in \mathbb{Z}$) einen Grössencharakter ψ von K mit $\tilde{\psi} = X$ und einem Führer $\mathfrak{f} | \mathfrak{m}$, denn auf

$$I(\mathfrak{m}) := \{(a_{\mathfrak{p}}) \in I_o \; ; \; a_{\mathfrak{p}} = 1 \quad \forall\, \mathfrak{p}|\mathfrak{m}\}$$

wird ψ festgelegt durch

$$\psi((a_{\mathfrak{p}})) := X(\prod_{\mathfrak{p}} \mathfrak{p}^{\mathrm{ord}_{\mathfrak{p}}(a_{\mathfrak{p}})})$$

und auf $K^\times$ durch $\psi(\alpha) = 1$. Schliesslich liegt $K^\times \cdot I(\mathfrak{m})$ in I dicht, also ist ψ eindeutig bestimmt.

Wir definieren den Führer der betrachteten Divisorfunktionen X als den kleinsten ganzen Divisor $\mathfrak{f}_X$, sodass (5') mit $\mathfrak{f}_X$ anstelle von $\mathfrak{m}$ gilt. Zusammenfassend gilt (vgl. hierzu auch [H]) :

Satz 1.3 : Sei $\mathfrak{m}$ ein ganzer Divisor von K , $\mathcal{D}_{\mathfrak{m}}$ die Gruppe der Divisorfunktionen X , welche auf $\mathbb{H}_{\mathfrak{m}}$ von der Form

$$X((\alpha)) = \prod_{\mathfrak{p}|\infty} |\alpha_{\mathfrak{p}}|^{s_{\mathfrak{p}}} \cdot (\alpha_{\mathfrak{p}}/|\alpha_{\mathfrak{p}}|)^{g_{\mathfrak{p}}}$$

mit $s_{\mathfrak{p}} \in \mathbb{C}$, $g_{\mathfrak{p}} \in \mathbb{Z}$ sind, und $\mathcal{G}_{\mathfrak{m}}$ die Gruppe der Grössencharaktere mit Führer $\mathfrak{f}|\mathfrak{m}$. Dann definiert die Abbildung

$$\sim : \mathcal{G}_{\mathfrak{m}} \longrightarrow \mathcal{D}_{\mathfrak{m}} \quad , \quad \psi \longmapsto \tilde{\psi}$$

einen Isomorphismus, der den Führer erhält, d. h. $\mathfrak{f}_\psi = \mathfrak{f}_{\tilde{\psi}}$.

Wir kommen zurück auf die Grössencharaktere vom Typ A_o und wollen das Bild von u in $\mathbb{Z}^g$ charakterisieren. Dazu operiere die Galoisgruppe $G = G(N/\mathbb{Q})$ des normalen Abschlusses N/K durch Hintereinanderausführung auf Iso(K,$\mathbb{C}$) und somit auf $\mathbb{Z}^g$, das wir mit dem freien $\mathbb{Z}$-modul $\mathbb{Z}[\mathrm{Iso}(K,\mathbb{C})]$ über Iso(K,$\mathbb{C}$) identifizieren. $\mathbb{Z}^g$ wird somit ein $\mathbb{Z}[G]$-Modul.

Proposition 1.4 : Genau dann liegt $\underline{a} \in \mathbb{Z}^g$ im Bild von u , wenn $(1+\rho)\kappa \cdot \underline{a} \in \mathbb{Z} \cdot (1,\ldots,1)$ ist für alle $\kappa \in G$.

Beweis : Genau dann liegt $\underline{a}$ in $u(\mathcal{G}_o)$, wenn eine Divisorfunktion $\tilde{\psi}$ existiert mit

$$\tilde{\psi}((\alpha)) = \prod_{\tau \text{ reell}} \operatorname{sgn}(\tau(\alpha))^{g_\tau} \cdot \prod_\sigma \sigma(\alpha)^{a_\sigma} \quad \text{für} \quad \alpha \equiv 1(\mathfrak{m}) \quad . \tag{6}$$

für passende g_τ, $a_\sigma \in \mathbb{Z}$ und einen ganzen Divisor $\mathfrak{m}$. Die Existenz einer Divisorfunktion $\tilde{\psi}$ mit (6) ist äquivalent zu

$$\prod_{\tau \text{ reell}} \operatorname{sgn}(\tau(\varepsilon))^{g_\tau} \cdot \prod_\sigma \sigma(\varepsilon)^{a_\sigma} = 1 \tag{7}$$

für alle Einheiten $\varepsilon \equiv 1(\mathfrak{m})$. Der Übergang zu den verschiedenen Beträgen der normalen Hülle von K liefert die notwendige Bedingung für $\kappa \in G$:

$$\prod_{\tau \text{ reell}} |\tau(\varepsilon)|^{a_{\kappa\tau}} \cdot \prod_{\sigma \in H} |\sigma(\varepsilon)|^{a_{\kappa\sigma}+a_{\kappa\rho\sigma}} = 1$$

für alle Einheiten, sodass nach dem Dirichletschen Einheitensatz folgt :

Im Fall $r_1 \geq 1$ gilt $a_{\kappa\tau} = a_{\kappa\tau'}$ und

$$a_{\kappa\sigma} + a_{\kappa\rho\sigma} = 2 \cdot a_{\kappa\tau} \quad \forall \sigma \in H \text{ und } \tau, \tau' \in \operatorname{Iso}(K, \mathbb{R}) \quad .$$

Im Fall $r_1 = 0$ gilt

$$a_{\kappa\sigma} + a_{\kappa\rho\sigma} = a_{\kappa\sigma'} + a_{\kappa\rho\sigma'} \quad \forall \sigma, \sigma' \in H \quad .$$

In beiden Fällen ergibt sich $(1+\rho)\kappa \cdot \underline{a} \in \mathbb{Z} \cdot (1,\ldots,1)$ für $\kappa \in G$. Genügt umgekehrt $\underline{a}$ dieser Bedingung, so folgt für eine beliebige Einheit ε

$$\left| \prod_\sigma \kappa\sigma(\varepsilon)^{a_\sigma} \right|^2 = N_{K/\mathbb{Q}}(\varepsilon)^b = 1 \quad \text{mit } b \in \mathbb{Z}$$

für alle $\kappa \in G$. Damit ist $\prod_\sigma \sigma(\varepsilon)^{a_\sigma}$ eine Einheit im normalen Abschluss N von K, deren sämtliche Beträge trivial sind, also eine Einheitswurzel. Wählen wir nun einen ganzen Divisor $\mathfrak{m}$ von K derart, dass keine Einheitswurzel $\zeta \neq 1$ in N der Kongruenz $\zeta \equiv 1(\mathfrak{m})$ genügt, so folgt für jede Einheit $\varepsilon \equiv 1(\mathfrak{m})$: $\prod_\sigma \sigma(\varepsilon)^{a_\sigma} = 1$, also insbesondere (7) mit $g_\tau = 0$ für die reellen τ.

Eine fundamentale Begriffsbildung der ganzen Theorie ist die des <u>CM-Körpers</u>. Darunter wollen wir einen Zahlkörper F verstehen, der eine total imaginär-quadratische Erweiterung eines total reellen Teilkörpers ist. Man zeigt leicht, dass ein CM-Körper F durch die Eigenschaften

$$\rho \in \operatorname{Aut}(F) \ , \quad \rho \neq \mathrm{id} \tag{CM1}$$

$$\sigma\rho = \rho\sigma \qquad \text{für alle} \quad \sigma \in \operatorname{Iso}(F, \mathbb{C}) \tag{CM2}$$

charakterisiert ist. Das Kompositum von CM-Körpern ist wieder ein CM-Körper. Für eine Teilmenge $T \subseteq \operatorname{Iso}(K, \mathbb{C})$ setzen wir in $\mathbb{Z}^g = \mathbb{Z}[\operatorname{Iso}(K, \mathbb{C})]$ $s(T) := \sum_{\tau \in T} \tau$.

Proposition 1.5 : Ist K ein CM-Körper und H ein Halbsystem von K , so gilt

$$u(\mathfrak{g}_o) = (1-\rho)\mathbb{Z}^g + \mathbb{Z}.\,s(H) \quad .$$

Beweis. Wegen (CM2) lautet das Kriterium von Prop. 1.4 : $(1+\rho)\cdot\underline{a} \in \mathbb{Z}\cdot(1,\ldots,1)$. Hieraus folgt bereits alles.

Ist $L \subseteq K$ Teilkörper, so bezeichne $\mathrm{cor}_L^K : \mathbb{Z}[\mathrm{Iso}(L,\mathbb{C})] \longrightarrow \mathbb{Z}[\mathrm{Iso}(K,\mathbb{C})]$ den durch

$$\mathrm{cor}_L^K(\sigma) := \sum_{\substack{\tau:K\to\mathbb{C}\\ \tau|_L=\sigma}} \tau$$

für $\sigma \in \mathrm{Iso}(L,\mathbb{C})$ definierten Homomorphismus der Korestriktion, und insbesondere sei $s(\mathrm{Iso}(K/L,\mathbb{C})) := \mathrm{cor}_L^K(\mathrm{id})$. Man kann jedem Idel $x = (\alpha_{\mathfrak{p}}) \in I$ seinen Absolutbetrag $\|x\| := \prod_{\mathfrak{p}} |\alpha_{\mathfrak{p}}|_{\mathfrak{p}} \in \mathbb{R}$ zuordnen und erhält so einen Grössencharakter von K , da nach der Produktformel für Bewertungen die Hauptidele im Kern des Absolutbetrages liegen.

Satz 1.6: (Artin, Weil)

a) Falls in K kein CM-Körper enthalten ist, so hat jeder Grössencharakter $\psi \in \mathfrak{g}_o$ die Form

$$\psi(x) = \|x\|^a\cdot\psi_o(x)$$

mit $a \in \mathbb{Z}$ und einem Charakter ψ_o von endlicher Ordnung.

b) Falls K einen CM-Körper enthält, so sei K_1 der maximale CM-Körper in K . Dann hat jeder Grössencharakter $\psi \in \mathfrak{g}_o$ die Form

$$\psi(x) = \psi_1(N_{K/K_1}(x))\cdot\psi_o(x)$$

mit einem Grössencharakter ψ_1 von K_1 vom Typ A_o und einem Charakter ψ_o von endlicher Ordnung.

c) Im Fall a) ist $u(\mathfrak{g}_o) = \mathbb{Z}\cdot s(\mathrm{Iso}(K,\mathbb{C}))$ und im Fall b) gilt mit einem beliebigen Halbsystem H_1 von K_1 :

$$u(\mathfrak{g}_o) = (1-\rho)\cdot\mathbb{Z}[G]\cdot s(\mathrm{Iso}(K/K_1,\mathbb{C})) + \mathbb{Z}\cdot\sum_{\lambda\in H_1} \mathrm{cor}_{K_1}^K(\lambda) \quad .$$

Korollar 1.7:

$$\mathrm{Rang}(u(\mathfrak{g}_o)) = \begin{cases} 1 & \text{im Fall a)}, \\ \dfrac{(K_1:\mathbb{Q})}{2} + 1 & \text{sonst.} \end{cases}$$

Beweis : Zum Beweis des ganzen Satzes genügt es, in c) jeweils zu zeigen, dass $u(\mathfrak{g}_o)$ Teilmodul der entsprechenden $\mathbb{Z}$-Moduln ist ; denn die umgekehrte Enthaltenseinsrelation "$\supseteq$" folgt mit Prop. 1.4, wenn wir berücksichtigen, dass gilt :

$$(1+\rho)\kappa\cdot\sum_{\lambda\in H_1}\mathrm{cor}_{K_1}^{K}(\lambda) = s(\mathrm{Iso}(K,\mathbb{C}))\quad\text{für}\quad \kappa\in G\ .$$

Da nach Prop. 1.2 der Kern von u gerade aus den Charakteren ψ_o endlicher Ordnung besteht, folgt a) sofort aus c) und mit Prop. 1.5 ebenso b) aus c), denn, ist

$$u(\psi) = (1-\rho)\kappa\cdot s(\mathrm{Iso}(K/K_1,\mathbb{C})) + c\cdot\sum_{\lambda\in H_1}\mathrm{cor}_{K_1}^{K}(\lambda)$$

mit $\kappa\in G$, so ist nach Prop. 1.5

$$(1-\rho)\cdot\kappa|_{K_1} + c\cdot\sum_{\beta\in H_1}\beta = u(\psi_1)$$

für ein ψ_1 von K_1 vom Typ A_o, und man zeigt leicht : $u(\psi_1\circ N_{K/K_1}) = u(\psi)$. Bleibt noch c) zu zeigen. Dazu betrachten wir für einen beliebigen Teilkörper $L\subseteq N$ die folgende Einbettung vermöge der Korestriktion

$$\mathrm{cor}_L^N : \mathbb{Z}[\mathrm{Iso}(L,\mathbb{C})]\longrightarrow\mathbb{Z}[G]\ ,\quad \sigma\longmapsto\mathrm{cor}_L^N(\sigma) = \sum_{\substack{\tau\in G\\ \tau|_L=\sigma}}\tau\ .$$

Hinsichtlich der G-Operation gilt $\mathrm{cor}_L^N(\kappa\sigma) = \kappa\cdot\mathrm{cor}_L^N(\sigma)$ für $\kappa\in G$, d. h. cor_L^N ist $\mathbb{Z}[G]$-Modulhomomorphismus. Bezeichnet jeweils $\hat{\sigma}$ eine feste Fortsetzung von $\sigma\in\mathrm{Iso}(L,\mathbb{C})$ auf N, so ist $\mathrm{cor}_L^N(\sigma) = \hat{\sigma}\cdot s(G(N/L))$. Das Bild der Korestriktion ist offenbar $\mathbb{Z}[G]^{G(N/L)}$, der Fixmodul unter der (Rechts-) Operation von $G(N/L)$ auf $\mathbb{Z}[G]$. Nach Prop. 1.4 existieren für ein $\underline{b}\in\mathrm{cor}_K^N(u(\mathfrak{g}_o))$ Zahlen $c_\kappa\in\mathbb{Z}$ für $\kappa\in G$ derart, dass $b_{\kappa\tau}+b_{\kappa\rho\tau} = c_\kappa$ $\forall\tau\in G$. Summiert man diese Gleichungen für alle $\tau\in G$ auf, so folgt sofort, dass c_κ gar nicht von κ abhängt, also

$$b_{\kappa\tau}+b_{\kappa\rho\tau} = c\qquad\forall\kappa,\tau\in G \tag{8}$$

was schliesslich $\underline{b}\in\mathbb{Z}[G]^{U_o}$ für das Kommutatorerzeugnis $U_o := <\kappa\rho\kappa^{-1}\rho;\ \kappa\in G>$ impliziert. $\underline{b}$ bleibt also fest unter allen Automorphismen des Kompositums $U := [U_o, G(N/K)]$. Der zugehörige Fixkörper N^U ist dann per Konstruktion der maximale Teilkörper von K mit den Eigenschaften $\rho\in\mathrm{Aut}(N^U)$ und

$$\rho\sigma = \sigma\rho\qquad\forall\sigma\in\mathrm{Iso}(N^U,\mathbb{C})\ . \tag{CM2}$$

Falls nun ρ auf N^U trivial operiert, so ist N^U total-reell. Andernfalls gilt (CM1), d.h. $N^U = K_1$ ist der maximale CM-Körper in K. Gehen wir aus von der Darstellung

$$\underline{b} = \sum_{\tau\in\mathrm{Iso}(N^U,\mathbb{C})} b_{\hat{\tau}}\hat{\tau}\cdot s(U)\ ,$$

so folgt aus (8) im total-reellen Fall (d. h. $\rho\in U$) : $2\cdot b_{\hat{\tau}} = c$ für alle τ, also $\underline{b}\in\mathbb{Z}\cdot s(G)$ und im CM-Fall mit einem Halbsystem H_1 von K_1 :

$$\underline{b} = (1-\rho) \cdot \sum_{\tau\in H_1} b_{\hat\tau} \mathrm{cor}_{K_1}^{N}(\tau) + c \cdot \sum_{\tau\in H_1} \mathrm{cor}_{K_1}^{N}(\tau)$$

aus $\mathrm{cor}_{K_1}^{N}((1-\rho)\mathbb{Z}[\mathrm{Iso}(K_1,\mathbb{C})] + \mathbb{Z}\cdot s(H_1))$. Damit haben wir im CM-Fall gezeigt :

$$\mathrm{cor}_{K}^{N}(u(\mathcal{G}_o)) \subseteq \mathrm{cor}_{K_1}^{N}((1-\rho)\mathbb{Z}[\mathrm{Iso}(K_1,\mathbb{C})] + \mathbb{Z}\cdot s(H_1)) \quad .$$

Wegen $\mathrm{cor}_{K_1}^{N} = \mathrm{cor}_{K}^{N}\cdot\mathrm{cor}_{K_1}^{K}$ folgt $u(\mathcal{G}_o) \subseteq \mathbb{Z}\cdot s(\mathrm{Iso}(K,\mathbb{C}))$ im Fall a) und sonst

$$u(\mathcal{G}_o) \subseteq \mathrm{cor}_{K_1}^{K}((1-\rho)\mathbb{Z}[\mathrm{Iso}(K_1,\mathbb{C})] + \mathbb{Z}\cdot s(H_1)) \quad ,$$

also c). Damit ist Satz 1.6 vollständig gezeigt. Das Resultat wurde erwähnt in [W4], ein Beweis allerdings bisher meines Wissens nirgends dargestellt.

Wir notieren für spätere arithmetische Anwendungen die folgenden Aussagen über den Wertekörper eines Grössencharakters ψ von K vom Typ A_o und Führer $\mathfrak{f}$. Für einen beliebigen Zahlkörper L werde $L(\psi) := L(\psi(I_o))$ und $L(\tilde\psi) := L(\tilde\psi(\mathbb{D}^{(\mathfrak{f})}))$ gesetzt. Die Endlichkeit der Klassenzahl von K zeigt, dass die beiden Wertekörper endliche Erweiterungen von L sind. Die folgende Proposition verallgemeinert ein Lemma in [I1].

Proposition 1.8 : Im Fall a) des Satzes gilt $\mathbb{Q}(\psi) = \mathbb{Q}(\tilde\psi)$, und der Wertekörper ist ein Kreiskörper, also insbesondere CM-Körper oder gleich $\mathbb{Q}$. Im Fall d) sei N_1 der normale Abschluss des maximalen CM-Körpers K_1 in K . Dann gilt $N_1(\psi) = N_1(\tilde\psi)$. $\mathbb{Q}(\tilde\psi)$ ist CM-Körper oder gleich $\mathbb{Q}$, also ist insbesondere $N_1(\psi)$ CM-Körper.

Beweis. Nach Definition der Divisorfunktion $\tilde\psi$ zu ψ gilt stets $\tilde\psi(\mathbb{D}^{(\mathfrak{f})}) \subseteq \psi(I_o)$. Ist umgekehrt $(a_\mathfrak{p}) \in I_o$, so gilt für passendes $\alpha \in K^\times$ wie in (2) und (3)

$$\psi((a_\mathfrak{p})) = \psi(\alpha\cdot(a_\mathfrak{p})) = \psi(\alpha_\infty)\cdot \prod_{\mathfrak{p}\nmid\infty\mathfrak{f}} \psi_\mathfrak{p}(\alpha\cdot a_\mathfrak{p})$$

also mit $\mathfrak{a} := \prod_\mathfrak{p} \mathfrak{p}^{\mathrm{ord}_\mathfrak{p}(a_\mathfrak{p})}$

$$\psi((a_\mathfrak{p})) = \pm\, \alpha^{u(\psi)}\cdot\tilde\psi((\alpha)\cdot\mathfrak{a}) \quad .$$

Im Fall a) ist $\alpha^{u(\psi)} = N_{K/\mathbb{Q}}(\alpha)^c$ mit $c \in \mathbb{Z}$, d. h. stets $\psi(I_o) \subseteq \mathbb{Q}^\times\cdot\tilde\psi(\mathbb{D}^{(\mathfrak{f})})$, also $\mathbb{Q}(\psi) = \mathbb{Q}(\tilde\psi)$. Ferner ist $\mathbb{Q}(\tilde\psi) = \mathbb{Q}(\psi_o)$ offenbar ein Kreiskörper. Im Fall b) ist

$$\alpha^{u(\psi)} = (N_{K/K_1}(\alpha)/N_{K/K_1}(\alpha)^\rho)^\omega\cdot N_{K/K_1}(\alpha)^{a\cdot s(H_1)}$$

mit $\omega \in \mathbb{Z}[\mathrm{Iso}(K_1,\mathbb{C})]$, $a \in \mathbb{Z}$, also $\alpha^{u(\psi)} \in N_1$, was bereits $N_1(\psi) = N_1(\tilde\psi)$ impliziert.

Zum Nachweis der CM-Axiome sei $\tilde\psi(\mathfrak{a}) =: \xi$ für ein $\mathfrak{a} \in \mathbb{D}^{(\mathfrak{f})}$ und sei $\tau \in \mathrm{Aut}(\overline{\mathbb{Q}})$. Dann ist zunächst $\xi^{h_\mathfrak{f}} \in N_1$ für die Strahlklassenzahl $h_\mathfrak{f}$. Ferner gilt

$$\tilde{\psi}(\mathfrak{a})^{1+\rho} = N_{K/\mathbb{Q}}(\mathfrak{a})^c \quad \text{mit} \quad c \in \mathbb{Z} \;, \tag{9}$$

denn $\tilde{\psi}(\mathfrak{a})^{1+\rho} \in \mathbb{R}_{>0}$ und $\mathfrak{a}^{h_{\mathfrak{f}}} = (\alpha)$ mit $\alpha \equiv 1(\mathfrak{f})$, sodass

$$\tilde{\psi}(\mathfrak{a})^{(1+\rho)\cdot h_{\mathfrak{f}}} = \alpha^{(1+\rho)\cdot u(\psi)} = N_{K/\mathbb{Q}}(\alpha)^c \quad \text{mit} \quad c \in \mathbb{Z}$$
$$= N_{K/\mathbb{Q}}(\mathfrak{a})^{c\cdot h_{\mathfrak{f}}} \quad .$$

Wegen $N_{K/\mathbb{Q}}(\mathfrak{a}) > 0$ folgt (9) . Also operiert ρ auf $\mathbb{Q}(\tilde{\psi})$. Ferner gilt $(\xi^{(1+\rho)})^\tau \in \mathbb{Q}_{>0}$, $(\xi^\tau)^{(1+\rho)} \in \mathbb{R}_{>0}$ und

$$\xi^{\tau(1+\rho)\cdot h_{\mathfrak{f}}} = \xi^{(1+\rho)\tau\cdot h_{\mathfrak{f}}} \quad ,$$

da N_1 CM-Körper ist, also folgt $\xi^{(1+\rho)\tau} = \xi^{\tau(1+\rho)}$, d. h. $\rho\tau = \tau\rho$ auf $\mathbb{Q}(\xi)$, und damit ist (CM2) für $\mathbb{Q}(\tilde{\psi})$ gezeigt. Falls $\mathbb{Q}(\tilde{\psi})$ nicht reell ist, folgt notwendig (CM1) für $\mathbb{Q}(\tilde{\psi})$. Andernfalls gilt nach (9) : $\tilde{\psi}(\mathfrak{a})^2 = N_{K/\mathbb{Q}}(\mathfrak{a})^c$, also $u(\psi) = c'.s(\mathrm{Iso}(K,\mathbb{C}))$ mit $c' \in \mathbb{Z}$ und damit

$$\frac{\tilde{\psi}(\mathfrak{a})}{N_{K/\mathbb{Q}}(\mathfrak{a})^{c'}} \in \mathbb{R} \cap \{\text{Einheitswurzeln}\} \subseteq \{\pm 1\} \quad .$$

Hieraus ergibt sich sofort $\mathbb{Q}(\tilde{\psi}) = \mathbb{Q}$.

2. Variation des Führers unter Wertebereichsvorgaben

Sei nun $K/\mathbb{Q}$ normal mit Galoisgruppe G. Ferner besitze K den maximalen CM-Teilkörper K_1 . Nach Prop. 1.8 liegen die $\tilde{\psi}$-Werte eines Grössencharakters $\psi \in \mathcal{G}_0(K)$ stets in einem CM-Körper $F \supseteq K_1$. Hat ψ den Unendlichtyp $\underline{a} = u(\psi)$ mit $(1+\rho)\underline{a} = c\cdot s(G)$, so ergibt sich die Annullatoreigenschaft : Zu jedem Divisor $\mathfrak{a}$ von K existiert ein $\mu \in F^\times$ mit

$$\mathfrak{a}^{\underline{a}} = (\mu) \quad \text{und} \quad \mu^{1+\rho} = N_{K/\mathbb{Q}}(\mathfrak{a})^c \quad , \tag{Ann_F}$$

d. h. insbesondere : $\underline{a}$ annulliert in F alle Divisorklassen von K . Man hat dazu nur $\mu := \tilde{\psi}(\mathfrak{a})$ zu wählen für die zum Führer $\mathfrak{f}_\psi$ von ψ relativ primen $\mathfrak{a}$ und zu beachten, dass in jeder Divisorenklasse ein zu $\mathfrak{f}_\psi$ primer Vertreter liegt. Gewissermassen als Umkehrung wollen wir nun zeigen, dass jedes $\underline{a} \in u(\mathcal{G}_0)$ mit der Annullatoreigenschaft der Unendlichtyp eines F-wertigen Grössencharakters ist. Wir zeigen schärfer das

Schlüssel-Lemma 2.1 : Sei F ein CM-Körper, der K_1 enthält und $\underline{a} \in u(\mathcal{G}_0)$ mit $(1+\rho)\cdot\underline{a} = c\cdot s(G)$. Dann existiert ein Grössencharakter $\psi \in u^{-1}(\underline{a})$ derart, dass für jeden zu $\mathfrak{f}_\psi$ primen Divisor $\mathfrak{a}$ von K genau dann $\tilde{\psi}(\mathfrak{a})$ in F liegt, wenn ein

$\mu \in F^\times$ existiert mit $\mathfrak{a}^{\underline{a}} = (\mu)$ und $\mu^{1+\rho} = N_{K/\mathbb{Q}}(\mathfrak{a})^c$. Jedes solche ψ heisst ein "Test-Charakter" zu $\underline{a}$ und F .

Anmerkung 2.2 : Für den Spezialfall, dass $K = K_1$ ist und der Unendlichtyp $\underline{a}$ aus einem Halbsystem besteht, spielt das Lemma die Schlüsselrolle bei der Konstruktion gewisser polarisierter Abelscher Varietäten mit komplexer Multiplikation, welche bereits über ihrem Moduli-Körper definiert sind (vgl. [S4] S. 523 und V. Satz 1.3 dieser Arbeit).

Anmerkung 2.3 : Als eine Anwendung rein zahlentheoretischer Natur liefert das Lemma Iwasawas Satz [I1] über die Charakterisierung von Klassengruppenannullatoren modulo 2-Anteil in $u(\mathfrak{g}_0)$ als die Unendlichtypen F-wertiger Grössencharaktere. Dies wird im nächsten Abschnitt gezeigt werden.

Beweis des Lemmas. Sei $w = w_F$ die Anzahl der Einheitswurzeln in F und $\mathfrak{P} \nmid w$ ein Primdivisor von F mit $ggT((N\mathfrak{P}-1)/w, w) = 1$. Nach Tchebotarevs Dichtigkeitssatz existieren unendlich viele solcher Primdivisoren. Seien $a, b \in \mathbb{Z}$ mit $a\cdot(N\mathfrak{P}-1)/w+b\cdot w = 1$ und sei

$$\mathcal{H}_F := \{\mathfrak{a} \in \mathbb{D} \ ; \ \exists \mu \in F^\times : \mathfrak{a}^{\underline{a}} = (\mu), \quad N\mathfrak{a}^c = |\mu|^2\} \quad .$$

Da $\mathcal{H}_F$ die Gruppe $\mathbb{H}$ aller Hauptdivisoren von K umfasst, ist sicher $|\mathbb{D}/\mathcal{H}_F| < \infty$. Es genügt nach Satz 1.3, eine Divisorfunktion $\tilde{\psi}$ auf $\mathcal{H}_F \cap \mathbb{D}^{(\mathfrak{m})}$ für geeignetes $\mathfrak{m}$ zu definieren und sie dann auf $\mathbb{D}^{(\mathfrak{m})}$ fortzusetzen. Sei $\mathfrak{p}_1$ der Primdivisor von K_1 , den $\mathfrak{P}$ auf F fortsetzt (d. h. $\mathfrak{P} | \mathfrak{p}_1$), und sei

$$\mathfrak{m}_{\mathfrak{P}} = \prod_{\substack{\mathfrak{p}|\mathfrak{p}_1 \\ \text{in } K}} \mathfrak{p} \quad .$$

Mit Hilfe des w-ten Potenzrestsymbols in F $(\ /\mathfrak{P})_w$ setzen wir für $\mathfrak{a} \in \mathcal{H}_F \cap \mathbb{D}^{(\mathfrak{m}_{\mathfrak{P}})}$

$$\tilde{\psi}(\mathfrak{a}) := (\mu/\mathfrak{P})_w^{-a}\cdot\mu \quad ,$$

wobei $\mu \in F^\times$ mit $\mathfrak{a}^{\underline{a}} = (\mu)$ und $N\mathfrak{a}^c = |\mu|^2$ ist. Die Funktion $\tilde{\psi}$ ist dadurch wohldefiniert, denn für verschiedene Wahl von μ, $\mu' \in F$ ist $\mu = \varepsilon\cdot\mu'$ mit einer Einheit ε in F vom Absolutbetrag 1. In CM-Körpern ist eine solche Einheit notwendig eine Einheitswurzel ζ , also

$$\begin{aligned}(\mu/\mathfrak{P})_w^{-a}\cdot\mu &= \zeta^{-a\cdot(N\mathfrak{P}-1)/w}\cdot(\mu'/\mathfrak{P})_w^{-a}\cdot\zeta\mu' \\ &= (\mu'/\mathfrak{P})_w^{-a}\cdot\mu' \quad ,\end{aligned}$$

da $1-a\cdot(N\mathfrak{P}-1)/w = b\cdot w$ die Einheitswurzel $\zeta \in F$ annulliert. Ferner gilt für Hauptdivisoren $(\alpha) \in \mathbb{H}$ mit $\alpha \equiv 1(\mathfrak{m}_{\mathfrak{P}})$

$$\tilde{\psi}((\alpha)) = (\alpha^{\underline{a}}/\mathfrak{P})_w^{-a}\cdot\alpha^{\underline{a}} \quad .$$

Nach Satz 1.6 c) ist $\alpha^{\underline{a}} \in K_1$, $\alpha^{\underline{a}} \equiv 1(\mathfrak{f}_1)$ und demnach $(\alpha^{\underline{a}}/\mathfrak{P})_w = 1$, also $\tilde{\psi} \in \mathcal{D}_{\mathfrak{m}_\mathfrak{P}}$ mit $u(\psi) = \underline{a}$. Per Konstruktion von $\tilde{\psi}$ ist klar, dass für $\mathfrak{a} \in \mathcal{X}_F$ stets $\tilde{\psi}(\mathfrak{a}) \in F^\times$ gilt. Die Umkehrung ist trivial, und damit ist das Lemma gezeigt.

Die Methode zum Beweis des Schlüssel-Lemmas wird nun dazu verwandt, einen Grössencharakter ψ mit Unendlichtyp $u(\psi) = \underline{a}$ und Werten in dem CM-Körper F (d. h. $F(\tilde{\psi}) = F$) zu einem Grössencharakter φ derart abzuändern, dass

1. $u(\varphi) = u(\psi) = \underline{a}$,
2. $F(\tilde{\varphi}) = F(\tilde{\psi}) = F$,
3. $\mathfrak{f}_\varphi$ unter Kontrolle gerät.

Eine naive Methode, die jedenfalls 1. und 2. garantiert, besteht darin, ψ mit einem beliebigen Strahlklassencharakter ψ_o zu multiplizieren mit $F(\psi_o) = F$. Es ist jedoch nicht offenkundig, wie durch geeignete Wahl von ψ_o der Führer von $\psi \cdot \psi_o$ besser unter Kontrolle gerät als $\mathfrak{f}_\psi$.

Proposition 2.4: Sei F ein CM-Körper, der K_1 und genau w Einheitswurzeln enthält. Ferner sei $\psi \in \mathcal{G}_o$ mit $u(\psi) = \underline{a}$, $F = F(\tilde{\psi})$ und $\mathfrak{P}_1,\ldots,\mathfrak{P}_r \nmid w$ Primdivisoren in F mit der Eigenschaft

$$\mathrm{ggT}((N\mathfrak{P}_i - 1)/w,\ w\ ;\ i = 1,\ldots,r) = 1\ .$$

Seien etwa $a_i, b \in \mathbb{Z}$ mit

$$\sum_{i=1}^{r} a_i (N\mathfrak{P}_i - 1)/w + bw = 1 \qquad .$$

Dann existiert ein Twist φ von ψ , also ein $\varphi \in \mathcal{G}_o$ mit

1. $u(\varphi) = \underline{a}$,
2. $F(\tilde{\varphi}) = F(\psi)$,
3. $\mathfrak{f}_\varphi \mid \mathfrak{p}_1^{(1)} \cdots \mathfrak{p}_1^{(r)}$,

wobei $\mathfrak{p}_1^{(i)}$ den Primdivisor von K_1 bezeichnet, der durch $\mathfrak{P}_i$ auf F fortgesetzt wird, und wie üblich die Divisorengruppe von K_1 in die Divisorengruppe $\mathbb{D}$ von K eingebettet ist. Genauer gilt :

$$\mathfrak{f}_\varphi = \text{Führer}(\alpha \longmapsto (\alpha^{u(\varphi)} / \prod_i \mathfrak{P}_i^{a_i})_w) \ .$$

Beweis.

Wir definieren für $\mathfrak{a}$ prim zu $\mathfrak{f}_\psi \cdot \mathfrak{p}_1^{(1)} \cdots \mathfrak{p}_1^{(r)}$ mit Hilfe des w-ten Potenzrestsymbols von F den Grössencharakter

$$\widetilde{\varphi}(\mathfrak{a}) := \prod_{i=1}^{r} (\widetilde{\psi}(\mathfrak{a})/\mathfrak{P}_i)_w^{-a_i} \cdot \widetilde{\psi}(\mathfrak{a}) \quad .$$

Dann sind offensichtlich 1. und 2. erfüllt. Ist ferner $\mathfrak{a} = (\alpha)$ mit $\alpha \equiv 1(\mathfrak{p}_1^{(1)} \cdots \mathfrak{p}_1^{(r)})$, so ist $\widetilde{\psi}((\alpha)) = \zeta \cdot \alpha^{\underline{a}}$ mit einer Einheitswurzel $\zeta \in F$, und es folgt

$$\widetilde{\varphi}((\alpha)) = \prod_{i=1}^{r} (\alpha^{\underline{a}}/\mathfrak{P}_i)_w^{-a_i} \cdot \zeta^{-\sum_i a_i \cdot (N\mathfrak{P}_i - 1)/w} \cdot \zeta \cdot \alpha^{\underline{a}} \quad .$$

Wegen $\alpha \equiv 1(\mathfrak{p}_1^{(i)})$ $\forall i$ ist hierbei jeder Faktor $(\alpha^{\underline{a}}/\mathfrak{P}_i)_w = 1$, und nach Wahl der $\mathfrak{P}_i$ ist

$$\zeta^{1 - \sum_i a_i \cdot (N\mathfrak{P}_i - 1)/w} = 1 \quad .$$

Dies zeigt die gewünschte Führerabschätzung 3. .

Anmerkung 2.5: Der Mechanismus von Prop. 2.4 bewirkt, dass für eine über K definierte Abelsche Varietät mit komplexer Multiplikation mit F die über K geeignet getwistete CM-Varietät gute Reduktion hat ausserhalb der nach der Vorschrift der Proposition gewählten $\mathfrak{p}_1^{(1)}, \ldots, \mathfrak{p}_1^{(r)}$.

Anmerkung 2.6: Bei vorgegebener Wahl der $\mathfrak{P}_i$ und a_i hängt φ nur ab vom Unendlichtyp $\underline{a}$ von ψ . Mit $\mathcal{G}_o^F := \{\psi \in \mathcal{G}_o \; ; \; F(\widetilde{\psi}) = F\}$ erhalten wir somit das kommutative Diagramm :

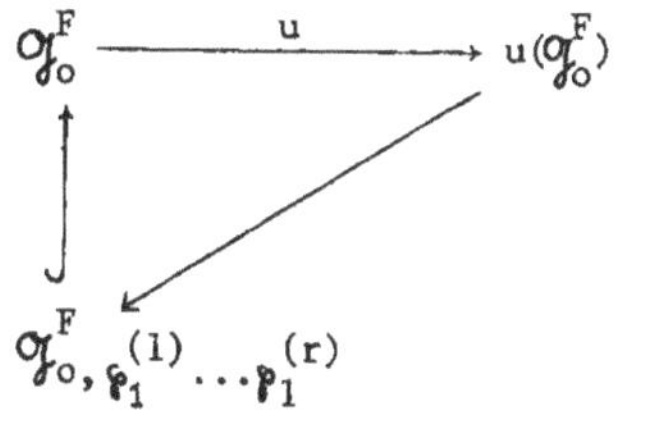

Beweis. Nehmen wir statt ψ einen beliebigen Twist $\psi^{(\varepsilon)} := \varepsilon \cdot \psi$ mit einem F-wertigen Strahlklassencharakter ε , so ändert sich φ um den Faktor

$$\widetilde{\varepsilon}(\mathfrak{a}) \cdot \prod_{i=1}^{r} (\widetilde{\varepsilon}(\mathfrak{a})/\mathfrak{P}_i)_w^{-a_i} = 1 \quad .$$

3. Die Klassengruppenannullatoren vom Typ A_o

Wir wollen nun wie angekündigt Iwasawas Theorem [I1] als eine Folgerung des Schlüssel-Lemmas 2.1 beweisen. Dazu sei $K = K_1$ ein normaler CM-Körper mit Galoisgruppe G und F ein weiterer CM-Körper, der K umfasst. Sei $\mathcal{L} = \mathcal{L}_K$ die Klassengruppe von K und E_+ die Gruppe der total-positiven reellen Einheiten bzw. E die volle Einheitengruppe von F . Wir definieren die Menge der "Klassengruppeannullatoren bzgl. F"

$$u(\mathfrak{g}_o)^F := \{\underline{a} \in u(\mathfrak{g}_o) \; ; \; \mathbb{D}^{\underline{a}} \subseteq \mathbb{H}_F\}$$

und betrachten die Paarung

$$u(\mathfrak{g}_o)^F \times \mathcal{L}_K \longrightarrow E_+/E^{1+\rho} \quad ,$$

$$(\underline{a},\mathfrak{a}\mathbb{H}) \longmapsto [\underline{a},\mathfrak{a}\mathbb{H}] := N\mathfrak{a}^{-c}\cdot\mu^{1+\rho} \bmod E^{1+\rho} \quad ,$$

wobei $(1+\rho)\cdot\underline{a} = c\cdot s(G)$ und $\mu \in F^\times$ mit $\mathfrak{a}^{\underline{a}} = (\mu)$.

Satz 3.1. (Iwasawa) Der durch die Paarung [,] gegebene Homomorphismus

$$\phi : u(\mathfrak{g}_o)^F \longrightarrow \mathrm{Hom}(\mathcal{L}_K, E_+/E^{1+\rho}), \underline{a} \longmapsto [\underline{a}, \;]$$

hat den Kern $\mathrm{Ker}(\phi) = u(\mathfrak{g}_o^F)$. Es gilt insbesondere

$$2\cdot u(\mathfrak{g}_o)^F \subseteq u(\mathfrak{g}_o^F) \subseteq u(\mathfrak{g}_o)^F \quad .$$

Beweis. Wegen (9) aus I.1. ist sicher $u(\mathfrak{g}_o^F) \subseteq \mathrm{Ker}(\phi)$. Ist umgekehrt $\underline{a} \in \mathrm{Ker}(\phi)$ mit $(1+\rho)\underline{a} = c\cdot s(G)$, dann existiert zu jedem $\mathfrak{a} \in \mathbb{D}$ ein $\mu \in F^\times$ mit $N\mathfrak{a}^c = \mu^{1+\rho}$ und $\mathfrak{a}^{\underline{a}} = (\mu)$, sodass nach dem Schlüssel-Lemma ein Grössencharakter $\varphi \in \mathfrak{g}_o^F$ existiert mit $u(\varphi) = \underline{a}$, d.h. $\underline{a} \in u(\mathfrak{g}_o^F)$.

Korollar 3.2: Falls $E_+ = E^{1+\rho}$ oder die Klassenzahl h_K von K ungerade ist, so wird $u(\mathfrak{g}_o^F) = u(\mathfrak{g}_o)^F$, d. h. jeder Klassengruppenannullator bzgl. F ist Unendlichtyp eines F-wertigen Grössencharakters.

4. Jacobi-Summen

Eine bereits klassische Beispielserie für Grössencharaktere vom Typ A_o liefern Jacobi-Summen. Sei $m \in \mathbb{N}$, $m \not\equiv 2(4)$ und $\mathbb{Q}^{(m)} = \mathbb{Q}(\zeta_m)$ der m-te Kreiskörper, den wir durch Adjunktion einer primitiven m-ten Einheitswurzel ζ_m erzeugen. Die Galoisgruppe $G(\mathbb{Q}^{(m)}/\mathbb{Q}) = G$ wird beschrieben durch den kanonischen Isomorphismus

$$(\mathbb{Z}/m\mathbb{Z})^\times \longrightarrow G \; , \; t \bmod m \longmapsto \sigma_t$$

mit $\sigma_t(\zeta_m) = \zeta_m^t$. Wir fassen demnach Charaktere von G auch auf als Restklassencharaktere modulo m . Für jeden Primdivisor $\mathfrak{p} \nmid m$ von $\mathbb{Q}^{(m)}$ und $x,y \in \mathbb{Z}$ definiert man die Jacobi-Summen

$$\omega_{x,y}(\mathfrak{p}) := - \sum_{\substack{A \bmod \mathfrak{p} \\ A \not\equiv 0,1}} (A/\mathfrak{p})_m^x \cdot ((1-A)/\mathfrak{p})_m^y$$

mit Hilfe des m-ten Potenzrestsymbols $(\;/\mathfrak{p})_m : \mathcal{O}_K \bmod \mathfrak{p} \longrightarrow \langle\zeta_m\rangle$, das durch $(A/\mathfrak{p})_m \equiv A^{(N\mathfrak{p}-1)/m} \bmod \mathfrak{p}$ auf der Hauptordnung $\mathcal{O}_K$ von K eindeutig bestimmt ist.

Für $r \in \mathbb{R}$ sei $0 \leq \langle r \rangle < 1$ mit $r - \langle r \rangle \in \mathbb{Z}$. Dann lautet Weils klassisches Resultat

Satz 4.1 : (Weil) Setzt man die Jacobi-Summen $\omega_{x,y}(\mathfrak{p})$ multiplikativ fort zu Divisorfunktionen auf den zu m primen Divisoren von $\mathbb{Q}^{(m)}$, so definiert $\omega_{x,y}$ einen Grössencharakter vom Typ A_0 mit Werten in $\mathbb{Q}^{(m)}$. Genauer gilt für $\alpha \equiv 1(m^2)$:
$\omega_{x,y}((\alpha)) = \alpha^{\underline{u}_{x,y}}$ mit

$$\underline{u}_{x,y} = \sum_{\substack{t \bmod m \\ (t,m)=1}} (\langle xt/m \rangle + \langle yt/m \rangle - \langle (x+y)t/m \rangle)\sigma_{-t}^{-1} \in \mathbb{Z}[G] \quad .$$

Beweis. [W3] , S. 491.

Die Jacobi-Summen lassen sich auch durch Gauss-Summen definieren. Dazu sei für $\mathfrak{p} \nmid m$ mit Restklassencharakteristik p und $x \in \mathbb{Z}$

$$\tau_x(\mathfrak{p}) = \tau_{x,m}(\mathfrak{p}) := - \sum_{A \bmod \mathfrak{p}} (A/\mathfrak{p})_m^x \cdot \zeta_p^{Sp(A)}$$

die (verallgemeinerte) Gauss-Summe zu dem multiplikativen Charakter $(\ /\mathfrak{p})_m^x$ und dem additiven Charakter Sp , welcher durch die Absolutspur des Restklassenkörpers modulo $\mathfrak{p}$ gegeben ist. Eine einfache Rechnung zeigt dann

$$\omega_{x,y}(\mathfrak{p}) = \tau_x(\mathfrak{p}) \cdot \tau_y(\mathfrak{p}) / \tau_{x+y}(\mathfrak{p}) \quad .$$

Korollar 4.2: Für $x \in \mathbb{Z}$ sei

$$\Theta_m(x) := \sum_{\substack{t \bmod m \\ (t,m)=1}} \langle -xt/m \rangle \cdot \sigma_t^{-1} \in \mathbb{Q}[G]$$

und ferner sei $\underline{a} = (a_1, \ldots, a_{m-1}) \in \mathbb{Z}^{m-1}$ derart, dass

$$\sum_{x=1}^{m-1} a_x \cdot \Theta_m(x) \in \mathbb{Z}[G] \; .$$

Dann definiert $\chi_{\underline{a}}(\mathfrak{p}) := \prod_x \tau_x(\mathfrak{p})^{a_x}$ einen Grössencharakter vom Typ A_0 mit Werten in $\mathbb{Q}^{(m)}$ und dem Unendlichtyp $u(\chi_{\underline{a}}) = \sum_x a_x \cdot \Theta_m(x)$.

Zum Beweis des Korollars hat man nur zu beachten, dass die Bedingung an die a_x äquivalent ist zu der Kongruenz

$$\sum_{x=1}^{m-1} x \cdot a_x \equiv 0 \ (m) \quad ,$$

sodass sich $\chi_{\underline{a}}$ stets erzeugen lässt durch die Funktionen $\tau_x(\mathfrak{p})/\tau_1(\mathfrak{p})^x$ für x mod m und durch $\tau_1(\mathfrak{p})^m$. Diese Funktionen liegen aber alle im Erzeugnis der Grössencharaktere $\omega_{1,y}$ wegen

$$\tau_x(\mathfrak{P})/\tau_1(\mathfrak{P})^x = \prod_{j=1}^{x-1} \omega_{1,j}(\mathfrak{P})^{-1} \quad \text{für} \quad x = 2,\ldots,m-1$$

und

$$\tau_1(\mathfrak{P})^m = \prod_{j=1}^{m-1} \omega_{1,j}(\mathfrak{P}) \quad .$$

Bemerkung 4.3: Die Unendlichtypen der Jacobi-Summen $\omega_{x,y}$ bestehen aus Halbsystemen $H_{x,y} \subseteq G$, d. h. $u(\omega_{x,y}) = s(H_{x,y})$.

Das Korollar 4.2 lässt sich auf absolut-abelsche Zahlkörper ausdehnen. Sei $K \subseteq \mathbb{Q}^{(m)}$ ein Abelscher Zahlkörper mit der Galoisgruppe G_K, und sei $\Theta_m^K(x) \in \mathbb{Q}[G_K]$ durch Einschränkung von G auf K aus $\Theta_m(x)$ hervorgegangen. Ferner betten wir die Divisorengruppe $\mathbb{D}_K$ von K in die Divisorengruppe von $\mathbb{Q}^{(m)}$ ein und definieren wie in Kor. 4.2 für $\underline{a} \in \mathbb{Z}^{m-1}$ Divisorfunktionen

$$\chi_{\underline{a}} : \mathbb{D}_K^{(m)} \longrightarrow \mathbb{C}^\times , \mathfrak{a} \longmapsto \prod_{x=1}^{m-1} \tau_x(\mathfrak{a})^{a_x} \quad .$$

Satz 4.4: (Leopoldt/Weil) Für $\underline{a} \in \mathbb{Z}^{m-1}$ mit

$$\sum_{x=1}^{m-1} a_x \cdot \Theta_m^K(x) \in \mathbb{Z}[G_K]$$

ist $\chi_{\underline{a}}$ ein K-wertiger Grössencharakter von K mit dem Unendlichtyp

$$u(\chi_{\underline{a}}) = \sum_x a_x \cdot \Theta_m^K(x) \quad .$$

Anmerkung 4.5: a) Der Satz wurde zuerst für solche $\underline{a}$ mit $a_x = 0$ für $(x,m) > 1$ angekündigt in [L] und später in [W6] in der obigen Fassung gezeigt.

b) Während Weils Beweis des Satzes mit dem Erklärungsmodul m^2 für $\chi_{\underline{a}}$ operiert, wurde in [Schm 2] gezeigt, dass der Führer von $\chi_{\underline{a}}$ stets echter Teiler von $m \cdot \prod_{p|m} p$ ist.

Korollar 4.6; Die Grössencharaktere $\chi_{\underline{a}}$ von K genügen der Automorphieregel (vgl. [L])

$$\chi_{\underline{a}}(\mathfrak{a})^\sigma = \chi_{\underline{a}}(\mathfrak{a}^\sigma) \qquad \text{für} \quad \sigma \in \mathrm{Aut}(\overline{\mathbb{Q}}) \quad . \tag{AR}$$

Die Automorphieregel für $\chi_{\underline{a}}$ ist äquivalent zur K-Wertigkeit von $\chi_{\underline{a}}$.

Beweis. Es ist klar, dass (AR) die K-Wertigkeit von $\chi_{\underline{a}}$ impliziert. Umgekehrt gilt für alle Primdivisoren $\mathfrak{p} \nmid m$ in K, mit $\mathfrak{p} | p$ und $\sigma_t \in G(\mathbb{Q}^{(mp)}/\mathbb{Q})$:

$$\chi_{\underline{a}}(\mathfrak{p})^{\sigma_t} = \psi_{\mathfrak{p},\underline{a}}(t) \cdot \chi_{\underline{a}}(\mathfrak{p}^{\sigma_t}) \quad ,$$

wobei $\psi_{\mathfrak{p},\underline{a}}(t)$ sich leicht aus den Identitäten

$$\tau_x(\mathfrak{P})^{\sigma_t} = (t/\mathfrak{P})_m^{-tx} \cdot \tau_{tx}(\mathfrak{P}) = (t/\mathfrak{P})_m^{-tx} \cdot \tau_x(\mathfrak{P}^{\sigma_t})$$

bestimmt zu

$$\psi_{\mathfrak{p},\underline{a}}(t) = \prod_{\mathfrak{P}|\mathfrak{p}} (t/\mathfrak{P})_m^{-t\cdot\sum_x x\cdot a_x} .$$

Falls nun $\chi_{\underline{a}}(\mathfrak{p}) \in K$ liegt, hängt $\psi_{\mathfrak{p},\underline{a}}(t)$ nur noch von $t \bmod m$ ab. Wir können demnach o.B.d.A. $t \equiv 1(p)$ wählen, sodass $\psi_{\mathfrak{p},\underline{a}}(t) = 1$, also (AR) gilt.

Die K-Wertigkeit der Grössencharaktere $\chi_{\underline{a}}$ besagt insbesondere, dass deren Unendlichtypen $u(\chi_{\underline{a}})$ Klassengruppenannullatoren vom Typ A_0 sind. Sei

$$S_K := \sum_{x=1}^{m-1} \mathbb{Z}[G_K]\, \theta_m^K(x) \subseteq \mathbb{Q}[G_K]$$

und $\tilde{S}_K := S_K \cap \mathbb{Z}[G_K]$ das sogenannte Stickelberger-Ideal von K. Satz 4.4 besagt dann : $\tilde{S}_K \subseteq u(\mathcal{J}_0^K)$.

Anmerkung 4.7: Durch Kombinationen von Normen auf verschiedene Teilkörper $K(t) := K \cap \mathbb{Q}^{(t)}$ (für $t \in \mathbb{N}$) mit deren Stickelberger-Elementen $\theta_t^{K(t)}$ hat Sinnott [Si] das Stickelberger-Ideal $\tilde{S}_K$ weiter verallgemeinert. Kubert [K] zeigte, dass es sich hierbei wieder um Unendlichtypen K-wertiger Grössencharaktere von K handelt.

Appendix : Stickelberger-Ideale der Maximalordnung

Wie im Beweis von Kor. 4.2 schon angedeutet wurde, ist für $K = \mathbb{Q}^{(m)}$ schon $\tilde{S}_K$ als $\mathbb{Z}[G]$-Erzeugnis aller Halbsysteme $s(H_{x,y})$ zu Jacobi-Summen gegeben. Ist $K \subset \mathbb{Q}^{(m)}$, so erzeugen die Einschränkungen $s(H_{x,y}^K)$ der $s(H_{x,y})$ auf K einen $\mathbb{Z}[G_K]$-Teilmodul $\tilde{\mathfrak{J}}_K$ von $\tilde{S}_K$. Wir fragen nun, wieviel mehr Klassengruppenannullatoren von K durch Satz 4.4, also durch $\tilde{S}_K$ gegeben sind, als man auf gewissermassen triviale Weise schon durch Restriktion von Jacobi-Summen auf K ,also durch $\tilde{\mathfrak{J}}_K$ erhält. Es bezeichne

$$H := \{a \in (\mathbb{Z}/m\mathbb{Z})^\times \;;\; \sigma_{a|K} = \mathrm{id}\}$$

und $d := m/(\sum_{a\in H} a, m)$. Dann zeigt eine einfache Kongruenzrechnung

$$\tilde{S}_K = \{\sum_{x=1}^{m-1} a_x\cdot\theta_m^K(x) \;;\; a_x \in \mathbb{Z} \,,\, \sum_x x\cdot a_x \equiv 0(d)\} ,$$

$$\tilde{\mathfrak{J}}_K = \{\sum_{x=1}^{m-1} a_x\cdot\theta_m^K(x) \;;\; a_x \in \mathbb{Z} \,,\, \sum_x x\cdot a_x \equiv 0(m)\} ,$$

also $\tilde{S}_K = \mathbb{Z}\cdot d\cdot\theta_m^K(1) + \tilde{\mathfrak{J}}_K$, d. h. $\tilde{S}_K/\tilde{\mathfrak{J}}_K$ ist zyklisch, und die Ordnung dieses Quotienten teilt m/d . Es scheint jedoch schwierig zu sein, diesen Quotienten durch einfache Grössen zu beschreiben. Das kleinste Beispiel mit nichttrivialem Quotienten $\tilde{S}_K/\tilde{\mathfrak{J}}_K$ ist $K \subset \mathbb{Q}^{(57)}$ mit $H = \langle 7 \rangle$, wobei $\tilde{S}_K/\tilde{\mathfrak{J}}_K \simeq \mathbb{Z}/3\mathbb{Z}$ gilt. (Man kann unter der kohomologischen Voraussetzung $H^{-1}(H,S_{\mathbb{Q}(m)}) = 0$ eine explizite Formel für den Index $(\tilde{S}_K:\mathfrak{J}_K)$ ableiten.) Im allgemeinen hat man das folgende Resultat.

Satz A.1: Sei $\mathcal{O}^* \subseteq \mathbb{Q}[G_K]$ die Maximalordnung der rationalen Gruppenalgebra und $S^* := \tilde{S}_K\cdot\mathcal{O}^*$, $J^* := \mathfrak{J}_K\cdot\mathcal{O}^*$. Dann ist S^*/J^* 2-elementarabelsch. Es bezeichne r_G die Anzahl der Gaussschen Primzahlen $p|w_K$ mit $p|d$. Falls $2\nmid d$ und alle ungeraden Primteiler $\ell|m$ die Kongruenz $\ell \equiv 3(4)$ erfüllen, bezeichne r_A die Anzahl der $\mathbb{Q}$-Konjugiertenklassen $\tilde{\chi}$ ungerader Charaktere χ von G_K mit 2-Potenzführer und $\chi(\ell) = -1$ für alle ungeraden Primteiler $\ell|m$. Sonst sei $r_A = 0$. Dann gilt

$$2\text{-Rang}(S^*/J^*) \leq r_G + r_A \quad .$$

Beweis. Die Maximalordnung $\mathcal{O}^*$ ist das $\mathbb{Z}[G_K]$-Erzeugnis der Idempotente

$$e_{\tilde{\chi}} := \frac{1}{|G_K|} \sum_{\sigma\in G_K} \tilde{\chi}(\sigma)\cdot\sigma^{-1}$$

zu den rational irreduziblen Charakteren $\tilde{\chi}$ von G_K. Letztere entsprechen den $\mathbb{Q}$-Konjugiertenklassen (Abteilungen) Abelscher Charaktere χ von G_K, und man erhält so die Zerlegung

$$\mathcal{O}^* = \sum_{\tilde{\chi}} e_{\tilde{\chi}}\cdot\mathbb{Z}[G_K] \simeq \bigoplus_{\tilde{\chi}} \mathcal{O}_\chi$$

von $\mathcal{O}^*$ in die direkte Summe der Hauptordnungen $\mathcal{O}_\chi := \mathbb{Z}[\chi(G_K)]$ der Kreiskörper $\mathbb{Q}(\chi(G_K))$. Damit ist die Berechnung des Quotienten S^*/J^* auf Idealquotienten von Kreiskörpern zurückgeführt. Wegen $e_{\tilde{1}}\cdot\Theta_m^K(x) = \varphi(m)/2\cdot e_{\tilde{1}}$ für alle x folgt sofort

$$e_{\tilde{1}}\tilde{S}_K = e_{\tilde{1}}\mathfrak{J}_K \quad .$$

Ebenso folgt für nichttriviale gerade Charaktere χ (d. h. $\chi(-1) = 1$) wegen $\chi(\Theta_m^K(x)) = 0$ für alle x;

$$e_{\tilde{\chi}}\cdot\tilde{S}_K = 0 = e_{\tilde{\chi}}\cdot\mathfrak{J}_K \quad .$$

Sei also im folgenden χ stets ungerader Charakter von G_K. Es interessiert uns der Quotient der beiden Ideale $\tilde{I}_1 := \chi(\tilde{S}_K)$ und $\tilde{I}_2 := \chi(\mathfrak{J}_K)$ von $\mathcal{O}_\chi$. Für $x = 1,\dots,m-1$ sei

$$Y(\chi,x) := \chi(x/(x,m))\cdot\varphi(m)/\varphi(m/(x,m))\cdot \prod_{p|m/(x,m)} (1-\bar{\chi}(p))$$

im Falle $\mathfrak{f}_\chi | m/(x,m)$ und $Y(\chi,x) := 0$ sonst. Dann gilt nach [Schm 1] Lemma 1,2:

$$\chi(\Theta_m^K(x)) = Y(\chi,x)\cdot\chi(\Theta_{\mathfrak{f}_\chi}(1)) \quad \text{für} \quad \mathfrak{f}_\chi \mid m/(x,m) \quad ,$$

wobei $\chi(\Theta_{\mathfrak{f}_\chi}(1)) \neq 0$ ist (als Klassenzahlfaktor). Mit

$$I_o := \sum_{x=2}^{m-1} (Y(\chi,x) - x\cdot Y(\chi,1))\cdot\mathcal{O}_\chi$$

sei $I_1 := I_o + d\cdot Y(\chi,1)\cdot \mathcal{O}_\chi$ und $I_2 := I_o + m\cdot Y(\chi,1)\cdot \mathcal{O}_\chi$. Dann gilt offenbar

$$\tilde{I}_1/\tilde{I}_2 \simeq I_1/I_2 \quad .$$

Ist $Y(\chi,1) = 0$, so folgt sofort $I_1 = I_2$. Sei also im folgenden stets $Y(\chi,1) \neq 0$. Dann ist für x mit $(x,m) = 1$

$$Y(\chi,x) - x\cdot Y(\chi,1) = (\chi(x)-x)\cdot Y(\chi,1) \quad .$$

Wir bestimmen die $\mathcal{O}_\chi$-Ideale

$$\mathfrak{a}_1 := \sum_{(x,m)=1} (\chi(x)-x)\cdot \mathcal{O}_\chi + d\cdot \mathcal{O}_\chi \quad ,$$

$$\mathfrak{a}_2 := \sum_{(x,m)=1} (\chi(x)-x)\cdot \mathcal{O}_\chi + m\cdot \mathcal{O}_\chi \quad .$$

Lemma A.2: Entweder ist $\mathfrak{a}_1 = \mathcal{O}_\chi$ (bzw. $\mathfrak{a}_2 = \mathcal{O}_\chi$) oder es existiert ein Primteiler $p \mid d$ (bzw. $p \mid m$) und ein Primdivisor $\mathfrak{p}_\chi \mid p$ in $\mathcal{O}_\chi$ derart, dass gilt :

(1) $\mathbb{Q}(\chi(G_K)) = \mathbb{Q}^{((p-1)p^\kappa)}$ mit $\kappa \geq 0$,

(2) $\chi^{p^\kappa}(x) \equiv x(\mathfrak{p}_\chi)$ für alle x mit $(x,m)=1$,

(3) $\mathfrak{a}_1 = \mathfrak{p}_\chi$ (bzw. $\mathfrak{a}_2 = \mathfrak{p}_\chi$) falls p keine Gausssche Primzahl $p = 2^\nu+1$ ist oder $2 \nmid d$ (bzw. $2 \nmid m$) ,

(4) $\mathfrak{a}_1 = \mathfrak{q}_2\mathfrak{p}_\chi$ (bzw. $\mathfrak{a}_2 = \mathfrak{q}_2\mathfrak{p}_\chi$) für den Primdivisor $\mathfrak{q}_2 \mid 2$, falls p Gausssche Primzahl ist und $2 \mid d$ (bzw. $2 \mid m$).

Beweis des Lemmas. Sei $\mathfrak{p}_\chi$ ein Primdivisor von $\mathfrak{a}_i$ mit $\mathfrak{p}_\chi \mid p$. Da $\chi(x) \equiv x(\mathfrak{p}_\chi)$ für $(x,m) = 1$ ist, hat χ^{p-1} notwendig p-Potenzordnung p^κ und χ^{p^κ} ist Teichmüller-Charakter zu p ; also hat χ die Ordnung $g_\chi = (p-1)p^\kappa$, womit (1) und (2) gezeigt ist. Sind p , p' zwei verschiedene Primzahlen, für die (1) und (2) gilt, so folgt aus (1) o.B.d.A. $p-1 = (p'-1)p'^\nu$, und aus (2) für $\lambda := \chi^{p'^\nu}$ die Führerabschätzung $\mathfrak{f}_\lambda \mid p$ und $\mathfrak{f}_\lambda \mid p'$. Also ist λ der Einscharakter und notwendig $p' = 2$, d. h. p von der Form $p = 2^\nu+1$. Da in diesem Fall in (3) stets d (bzw. m) ungerade sein soll, kommen als Primdivisoren von $\mathfrak{a}_1$ (bzw. $\mathfrak{a}_2$) nur Primdivisoren von p in Frage. Nach Voraussetzung teilt $\mathfrak{a}_i$ den Primdivisor $(1-\zeta_{p^\kappa})$ von $\mathbb{Q}^{(p^\kappa)}$, der in $\mathbb{Q}^{((p-1)p^\kappa)}$ voll zerfällt, sodass $\mathfrak{p}_\chi$ in $\mathfrak{a}_i$ höchstens mit der Vielfachheit 1 auftritt. Ferner ist $\mathfrak{p}_\chi$ unter seinen Konjugierten durch die Forderung $\chi(x) \equiv x(\mathfrak{p}_\chi)$ eindeutig bestimmt. Der Fall (4) ist klar, da nach dem Vorangegangenen ausser 2 und p keine weitere Primzahl (1) und (2) erfüllen kann und wegen $\mathfrak{q}_2 \mid \mathfrak{a}_i$ notwendig $\mathfrak{q}_2 \simeq 1-\zeta$ ist für eine primitive 2^ν-te Einheitswurzel $\zeta \in \chi(G_K)$.

Nun können wir mit der Berechnung des Quotienten I_1/I_2 im Beweis des Satzes fortfahren. Sicher ist $I_1 = I_2$, falls $\mathfrak{a}_1 = \mathfrak{a}_2$ gilt. Für die Primzahl p des Lemmas sei $\mathrm{ord}_p m = n$ und $x_o := m/p^n$. Generell ist für $i = 1,2$

$$I_i = I_o + \mathfrak{a}_i \cdot Y(\chi,1) \quad .$$

Im Falle, dass $\mathfrak{f}_\chi$ keine p-Potenz ist, gilt $Y(\chi,x_o) = 0$, also $x_o \cdot Y(\chi,1) \in I_o$, wobei $\mathcal{O}_\chi \cdot x_o + \mathfrak{f}_\chi = \mathcal{O}_\chi$ ist. Sonst gilt :

$$I_i = I_o + \mathcal{O}_\chi \cdot Y(\chi,1) \qquad \text{für } i = 1,2 \quad ,$$

denn im Fall (4) hat χ die Ordnung p-1 , also nach (2) den Führer p , sodass nur Fall (3) eintritt.

Sei also im folgenden $\mathfrak{f}_\chi$ p-Potenz, d. h. $\mathfrak{f}_\chi \mid p^n$ (, wobei auch $p = 2$ zugelassen ist). Dann gilt :

$$Y(\chi,x_o) - x_o \cdot Y(\chi,\ell) = \varphi(x_o) - x_o \cdot Y(\chi,1)$$

$$= [\varphi(x_o) \cdot \prod_{\ell \mid x_o} (1-\bar{\chi}(\ell))^{-1} - x_o] \cdot Y(\chi,1) \quad .$$

Falls $\mathrm{ord}_{\mathfrak{p}} \mathfrak{a}_1 = \mathrm{ord}_{\mathfrak{p}} \mathfrak{a}_2$ ist, folgt sofort auch $\mathrm{ord}_{\mathfrak{p}} I_1 = \mathrm{ord}_{\mathfrak{p}} I_2$. Da sich I_1 und I_2 nach Lemma A.2 höchstens bei $\mathfrak{p}_\chi$ und $\mathfrak{q}_2$ unterscheiden, betrachten wir zunächst die $\mathfrak{p}_\chi$-Anteile unter der Annahme, dass $\mathfrak{p}_\chi \mid \mathfrak{a}_2$ und $\mathfrak{p}_\chi \nmid \mathfrak{a}_1$. Wir zeigen für

$$\gamma := [\varphi(x_o) \cdot \prod_{\ell \mid x_o} (1-\bar{\chi}(\ell))^{-1} - x_o] \quad ,$$

dass gilt : $\mathrm{ord}_{\mathfrak{p}_\chi} \gamma = 0$ für $p \neq 2$ und für $p = 2$, falls nicht gleichzeitig $\chi(\ell) = -1 \ \forall \ell \mid x_o$ und $\ell \equiv 3(4) \ \forall \ell \mid x_o$ gilt. Der Fall $p = 2$ ist sofort klar. Für ungerades p benötigen wir

<u>Lemma A.3: Es sei</u> $\mu := \mathrm{ord}_p(\mathbb{Q}^{(m)} : K(\zeta_{p^n}))$, $\nu := \mathrm{ord}_p(w_K)$ <u>und</u> $\mathbb{Q}^{(p)} \subseteq K$ <u>(bzw.</u> $\mathbb{Q}^{(4)} \subseteq K$ <u>für</u> $p = 2$). <u>Dann gilt :</u>

$$\mathrm{ord}_p(d) = \max(0,\nu-\mu) \quad .$$

<u>Beweis von Lemma A.3</u>: Die Zahl d lässt sich auch beschreiben als die Ordnung der Einheitswurzel $N_{\mathbb{Q}^{(m)}/K}(\zeta_m)$. Mit $s := (\mathbb{Q}^{(m)} : K(\zeta_{p^n}))$ gilt nun :

$$N_{\mathbb{Q}^{(m)}/K}(\zeta_{p^n}) = N_{K(\zeta_{p^n})/K}(\zeta_{p^n})^s \quad .$$

Da jeder Teilkörper von $\mathbb{Q}^{(p^n)}$ entweder selbst Kreiskörper, also von der Gestalt $\mathbb{Q}^{(p^\nu)}$ ist oder keine von ± 1 verschiedene Einheitswurzel enthält, ist nach Voraussetzung

$$K \cap \mathbb{Q}^{(p^n)} = \mathbb{Q}^{(p^\nu)} \quad ,$$

und es folgt

$$N_{\mathbb{Q}^{(m)}/K}(\zeta_{p^n}) = N_{\mathbb{Q}^{(p^n)}/\mathbb{Q}^{(p^\nu)}}(\zeta_{p^n})^s = \zeta_{p^\nu}^s \quad ,$$

also die Behauptung des Lemmas.

In unserer Situation ist für $p \neq 2$ notwendig $\mathbb{Q}^{(p)} \subseteq K$, da der Charakter χ^{p^κ} wegen (1) und (2) die charakteristischen Eigenschaften eines erzeugenden Charakters von $\mathbb{Q}^{(p)}$ hat. Wegen $p \nmid d$ (da $\mathfrak{P}_\chi \nmid \mathfrak{a}_1$) ist nach Lemma A.3 jedenfalls $\mu \geq 1$, also $\varphi(x_o) \equiv 0(p)$. Falls für ein $\ell \mid x_o$ etwa $1-\overline{\chi}(\ell) \equiv 0(\mathfrak{P}_\chi)$ ist, so wird dieser Nenner von γ durch den p-Anteil des Faktors $\ell-1$ in $\varphi(x_o)$ mehr als ausgeglichen, denn $\chi(\ell) \equiv 1(\mathfrak{P}_\chi)$ impliziert mit Lemma A.2 (2), dass $\ell \equiv 1(p)$ ist, also

$$\mathrm{ord}_{\mathfrak{P}_\chi}((\ell-1)/(1-\overline{\chi}(\ell))) \geq p^{\kappa-1}(p-1)-p^{\kappa-1} > 0 .$$

Damit folgt wegen $p \nmid x_o$ bereits $\mathrm{ord}_{\mathfrak{P}_\chi}(\gamma) = 0$, also

$$\mathrm{ord}_{\mathfrak{P}_\chi}(I_1) = \mathrm{ord}_{\mathfrak{P}_\chi}(I_2) \quad .$$

Im Ausnahmefall, dass für alle $\ell \mid m/2^{\nu_2}$ gilt $\ell \equiv 3(4)$, sei nun χ mit $\mathfrak{f}_\chi \mid 2^{\nu_2}$ und $\chi(\ell) = -1$ für alle $\ell \mid m/2^{\nu_2}$ gegeben. Dann tritt Fall (3) von Lemma A.2 ein mit $\mathfrak{P}_\chi \mid 2$, $\mathfrak{a}_1 = \mathcal{O}_\chi$ und $\mathfrak{a}_2 = \mathfrak{P}_\chi$. Dies liefert unmittelbar $(I_1 : I_2) \mid N\mathfrak{P}_\chi = 2$. Betrachtet man für eine Gausssche Primzahl p noch den $\mathfrak{q}_2$-Anteil von I_1 und I_2, so folgt wieder mit Lemma A.2 : $(I_1:I_2) \mid 2$. Nach dem bisher Gezeigten ist also $\widetilde{I}_1/\widetilde{I}_2$ stets von der Ordnung 1 oder 2, also S^*/J^* 2-elementarabelsch. Eine echte 2-Gruppe $\widetilde{I}_1/\widetilde{I}_2$ tritt ausser für $\mathfrak{P}_\chi \mid 2$ höchstens noch für die Abteilungen $\widetilde{\chi}$ von Charakteren von G_K auf, welche zu Charakteren der Ordnung 2^ν mit $2^\nu+1 = p$ prim gehören, wobei noch gilt $\chi(x) \equiv x(\mathfrak{P}_\chi)$ für einen Primdivisor $\mathfrak{P}_\chi \mid p$. Da χ die Ordnung $p-1$ und den Führer $\mathfrak{f}_\chi = p$ hat, muss notwendig $\mathbb{Q}^{(p)}$ in K liegen, womit auch die Rangabschätzung im Satz gezeigt ist.

<u>Anmerkung A.4</u>: <u>Mit etwas mehr Aufwand lässt sich der genaue 2-Ranganteil von S^*/J^*, der von Charakteren herrührt, die in r_A berücksichtigt sind, bestimmen. Dies liefert insbesondere Beispiele mit</u> $S^* \neq J^*$.

II. ABELSCHE VARIETÄTEN MIT KOMPLEXER MULTIPLIKATION

1. CM-Typ und Dual

Im folgenden sei $K/\mathbb{Q}$ eine endliche Körpererweiterung vom Grad $2g$ und $H \subseteq \mathrm{Iso}(K,\mathbb{C})$ mit $|H| = g$. Falls K einen CM-Körper K_1 umfasst und $H_1 := \{\lambda|_{K_1} ; \lambda \in H\}$ ein Halbsystem komplexer Einbettung von K_1 ergibt, so heisst das Paar (K,H) ein CM-Typ. Die CM-Typen spielen eine zentrale Rolle bei der Kennzeichnung Abelscher Varietäten mit komplexer Multiplikation. Zunächst wollen wir einige rein algebraische Eigenschaften von CM-Typen hervorheben. Sei im folgenden stets $L/\mathbb{Q}$ endlich Galoissch mit $K \subseteq L$ und $G := \mathrm{Gal}(L/\mathbb{Q})$.

Proposition 1.1: Für $H \subseteq \mathrm{Iso}(K,\mathbb{C})$ mit $|H| = g$ sei

$$S := \{\sigma \in G ; \sigma|_K \in H\} .$$

Dann sind folgende Aussagen äquivalent :

a) (K,H) ist CM-Typ,

b) $G = S \cup S\cdot\sigma\cdot\rho\cdot\sigma^{-1}$ und $S\cdot\sigma\cdot\rho\cdot\sigma^{-1} = \sigma\cdot\rho\cdot\sigma^{-1}\cdot S$ für $\sigma \in G$,

c) $s(H) \in u(\mathfrak{J}_0(K))$,

d) $s(S) \in u(\mathfrak{J}_0(L))$,

e) (L,S) ist CM-Typ.

Beweis. Zunächst bemerken wir, dass die Existenz eines CM-Körpers $K_1 \subseteq K$ sich galoistheoretisch ausdrückt durch die Existenz einer Untergruppe $U_1 \leq G$ mit den Eigenschaften :

$$\rho U_1 \rho = U_1 , \quad \rho \in G \setminus U_1 , \qquad \text{(CM1')}$$

$$\sigma^{-1}\cdot\rho\cdot\sigma\cdot U_1 = \rho\cdot U_1 \quad \text{für } \sigma \in G . \qquad \text{(CM2')}$$

c) ⇒ a) : Wegen $s(H) \in u(\mathfrak{J}_0(K))$ folgt nach I . Prop. 1.4 $(1+\rho)\cdot s(H) \in \mathbb{Z}\cdot s(\mathrm{Iso}(K,\mathbb{C}))$ und wegen $2\cdot|H| = |\mathrm{Iso}(K,\mathbb{C})|$ somit $\mathrm{Iso}(K,\mathbb{C}) = H \,\dot\cup\, \rho H$. Ferner enthält nach I . Satz 1.6 c) K einen CM-Körper K_1, da $s(H) \notin \mathbb{Z}\cdot s(\mathrm{Iso}(K,\mathbb{C}))$. Setzen wir

$$H_1 := \{\sigma|_{K_1} ; \sigma \in H\} ,$$

so folgt wieder nach Satz 1.6 c) : $\mathrm{Iso}(K_1,\mathbb{C}) = H_1 \,\dot\cup\, \rho\cdot H_1$, also ist (K,H) ein CM-Typ.

a) ⇒ c) : Ist (K,H) CM-Typ und H_1 wie oben ein Halbsystem des CM-Körpers $K_1 \subset K$, so folgt aus Anzahlgründen unmittelbar mit Satz 1.6. c):

$$s(H) = \sum_{\lambda \in H_1} \mathrm{cor}_{K_1}^{K} \lambda \in u(\mathfrak{J}_0(K)) .$$

c) ⇒ d) : Ist $s(H) \in u(\mathfrak{J}_o(K))$ Unendlichtyp des Grössencharakters ψ, so folgt für den Grössencharakter $\psi' := \psi\circ N_{L/K}$ von L : $u(\psi') = s(S) \in u(\mathfrak{J}_o(L))$.

d) ⇔ e) : Dies ist klar nach der bereits gezeigten Äquivalenz a) ⇔ c) .

d) ⇒ b) : Für $s(S) \in u(\mathfrak{J}_o(L))$ folgt nach I. Prop. 1.4 : $(1+\rho)\kappa\cdot s(S) \in \mathbb{Z}\cdot s(G)$ für alle $\kappa \in G$, also

$$G = \kappa S \dot{\cup} \rho\kappa S \qquad \text{für alle } \kappa \in G .$$

Hieraus folgt bereits b), falls $\rho S = S\kappa\rho\kappa^{-1}$ für jedes κ gezeigt ist. Wegen $s(S) \in u(\mathfrak{J}_o(L)) \setminus \mathbb{Z}\cdot s(G)$ existiert nach Satz 1.6 c) ein CM-Körper $L_1 \subseteq L$ und ein Halbsystem S_1 von L_1, sodass für $U_1 := G(L/L_1)$ gilt :

$$s(S) \in (1-\rho)\cdot\mathbb{Z}[G]\cdot s(U_1) + \mathbb{Z}\cdot \sum_{\tau\in S_1} \hat{\tau}\cdot s(U_1) ,$$

wobei $\hat{\tau}$ jeweils eine feste Fortsetzung von τ auf L bezeichnet. Da mit L_1 auch alle konjugierten Körper L_1^{λ} CM-Körper sind, gilt wegen (CM1') und (CM2') für $G(L/L_1^{\lambda}) = \lambda U_1 \lambda^{-1}$

$$\rho\sigma\lambda^{-1} U_1 \lambda = \sigma\lambda^{-1} U_1 \lambda\rho \qquad \text{für } \lambda,\sigma \in G ,$$

also $\rho\sigma U_1 = \sigma U_1 \cdot \lambda\rho\lambda^{-1}$ und damit

$$\rho s(S) = s(S)\lambda\rho\lambda^{-1} \qquad \text{für alle } \lambda \in G .$$

b) ⇒ c) : Wegen $G = S \dot{\cup} \sigma\rho\sigma^{-1} S$ gilt

$$(1+\rho)\cdot\sigma\cdot s(S) = s(G) \qquad \text{für } \sigma \in G . \qquad (*)$$

Da für $U := G(L/K)$ gilt $S = \dot{\bigcup}_{\tau\in H} \hat{\tau} U$ mit je einer festen Fortsetzung $\hat{\tau} \in G$ für $\tau \in H$, folgt durch Einschränkung von (*) auf K

$$(1+\rho)\cdot\sigma\cdot s(H)\cdot(L:K) = s(\mathrm{Iso}(K,\mathbb{C}))\cdot(L:K) ,$$

also $s(H) \in u(\mathfrak{J}_o(K))$ nach I . Prop. 1.4.

<u>Korollar 1.2</u>: K <u>enthalte einen</u> CM-<u>Körper</u>. <u>Die Gruppe der Unendlichtypen der Grössencharaktere von</u> K <u>vom Typ</u> A_o <u>ist das Erzeugnis der CM-Typen von</u> K , <u>d. h.</u>

$$u(\mathfrak{J}_o(K)) = \sum_{\substack{H\subseteq \mathrm{Iso}(K,\mathbb{C}) \\ (K,H) \text{ CM-Typ}}} \mathbb{Z}\cdot s(H)$$

<u>Beweis</u>. Sei K_1 der maximale CM-Körper in K . Nach Prop. 1.1 c) genügt es, $u(\mathfrak{J}_o(K))$ ins Erzeugnis der $s(H)$ einzubetten, und mit I. 1.6 c) bleibt nur noch

$$(1-\rho)\ \mathrm{cor}_{K_1}^{K}(\lambda_1) =: \delta_{\lambda_1} \in u(\mathfrak{J}_o(K))$$

als Linearkombination von CM-Typen darzustellen für beliebiges $\lambda_1 \in \mathrm{Iso}(K_1,\mathbb{C})$. Sei H_1 ein Halbsystem von K_1 mit $\lambda_1 \in H_1$ und sei $H := \{\lambda \in \mathrm{Iso}(K,\mathbb{C})\ ;\ \lambda|_{K_1} \in H_1\}$. Ferner sei $\mathrm{Cor}(\lambda_1) := \{\lambda \in H\ ;\ \lambda|_{K_1} = \lambda_1\}$ und

$$H(\lambda_1) := (H \setminus \mathrm{Cor}(\lambda_1)) \,\dot{\cup}\, \rho\cdot\mathrm{Cor}(\lambda_1) \quad .$$

Dann sind (K,H) und $(K,H(\lambda_1))$ offensichtlich CM-Typen von K, und es gilt :

$$s(H)-s(H(\lambda_1)) = s(\mathrm{Cor}(\lambda_1)) - \rho\cdot s(\mathrm{Cor}(\lambda_1)) = \delta_{\lambda_1} \quad .$$

Definition 1.3: Sei (K,H) ein CM-Typ und $S = \{\sigma \in G\ ;\ \sigma|_K \in H\}$. Ferner sei $W := \{\gamma \in G\ ;\ S\gamma = S\}$. H bzw. (K,H) heisst primitiv, falls $W = G(L/K)$ ist.

Bemerkung 1.4: Die Definition der Primitivität ist unabhängig vom speziell gewählten L. Sie besagt, dass die Galoisgruppe einer absolut normalen Erweiterung auf den Konjugierten von H so treu wie nur möglich operiert.

Bemerkung 1.5: Ist (K,H) primitiv, so ist notwendig K ein CM-Körper. Ist K CM-Körper, so existieren genau 2^g verschiedene CM-Typen (K,H).

Man kann nun umgekehrt fragen : Besitzt jeder CM-Körper K einen primitiven CM-Typ (K,H) ? Diese Frage wurde in [Scha] untersucht.

Satz 1.6: (Schappacher) Genau dann hat ein CM-Körper K keinen primitiven CM-Typ, falls $K/\mathbb{Q}$ Galoissch ist mit der Kleinschen Vierergruppe oder der Diedergruppe der Ordnung 8 als Galoisgruppe.

Beweis: [Scha] .

Der Begriff des primitiven CM-Typs kommt aus der Theorie der Abelschen Varietäten mit komplexer Multiplikation, wo primitive CM-Typen einfachen Abelschen Varietäten entsprechen. Eine mehr auf die Arithmetik des CM-Körpers zugeschnittene Verschärfung der Primitivität ist die wie folgt definierte Vollrangeigenschaft.

Definition 1.7: Sei (K,H) ein CM-Typ. Der Rang von H bzw. von (K,H) ist der $\mathbb{Z}$-Rang des von $s(H)$ erzeugten $\mathbb{Z}[G]$-Moduls in $u(\mathfrak{I}_0(K))$:

$$\mathrm{rg}(H) = \mathrm{rg}_{\mathbb{Z}}(\mathbb{Z}[G]\cdot s(H)) \quad .$$

Wir sagen, dass H bzw. (K,H) Vollrang hat, falls gilt :

$$\mathrm{rg}(H) = \mathrm{rg}_{\mathbb{Z}}(u(\mathfrak{I}_0(K))) \quad .$$

Anmerkung 1.8: Der Rang eines CM-Typs wurde von Kubota [Ku] eingeführt. Er nennt einen CM-Typ nicht degeneriert, falls $\mathrm{rg}(H) = g+1$ ist.

Bemerkung 1.9: a) Genau dann ist (K,H) nicht degeneriert, wenn (K,H) Vollrang hat und K CM-Körper ist.

b) <u>Nicht degeneriert impliziert primitiv</u>, <u>und die Umkehrung ist im allgemeinen falsch</u>.

<u>Beweis</u>. a) Ist (K,H) nicht degeneriert, so gilt nach I . Korollar 1.6

$$g+1 = rg(H) \leq rg_{\mathbb{Z}}(u(\mathfrak{J}_o(K))) = (K_1:\mathbb{Q})/2 + 1 ,$$

wobei K_1 der maximale CM-Körper in K , also $(K_1:\mathbb{Q})/2 \leq g$ ist. Somit folgt : H hat Vollrang und $K = K_1$. Ist K CM-Körper und hat (K,H) Vollrang, so folgt wieder mit I. Kor. 1.6

$$rg(H) = (K_1:\mathbb{Q})/2 + 1 = g+1 .$$

b) Zunächst bemerken wir, dass für ein $\alpha \in \mathbb{Z}[G]$ stets gilt :

$$rg_{\mathbb{Z}}(\alpha\cdot\mathbb{Z}[G]) = rg_{\mathbb{Z}}(\mathbb{Z}[G]\cdot\alpha) ,$$

da die zugehörigen Darstellungsmatrizen durch Transponieren ineinander übergehen. Für nicht degeneriertes (K,H) ist also

$$g+1 = rg_{\mathbb{Z}}(\sum_{\sigma\in G} \mathbb{Z}\cdot s(S)\cdot\sigma) .$$

Da $G = S\sigma \cup S\sigma\rho$ für $\sigma \in G$, folgt für $\gamma \in \widetilde{W} := \langle W,\rho\rangle \leq G$

$$s(S\gamma) \equiv s(S) \mod \mathbb{Z}\cdot s(G) ,$$

d. h. der betrachtete freie $\mathbb{Z}$-Modul $\sum_\sigma \mathbb{Z}\cdot s(S)\sigma$ wird erzeugt durch s(G) und alle $s(S)\tau$ wobei τ ein Vertretersystem in G aller Nebenklassen $\widetilde{W}\tau$ durchläuft. Somit gilt :

$$g+1 \leq 1 + |G|/|\widetilde{W}| .$$

Wegen $\rho \notin W$ ist sicher $|\widetilde{W}| \geq 2\cdot|W|$, also wegen $W \geq G(L/K)$

$$g+1 \leq 1 + |G|/2|W| \leq 1+g$$

und somit $W = G(L/K)$. Dass die Umkehrung von b) i. allg. nicht gilt, zeigt das Beispiel

$$G = \mathbb{Z}/2\mathbb{Z} \times \mathbb{Z}/2\mathbb{Z} \times \mathbb{Z}/3\mathbb{Z}$$

mit $\rho = (1,0,0)$. G hat 4 Bahnen primitiver Halbsysteme (also der Länge 12), wovon 2 Bahnen die Vollranghalbsysteme repräsentieren. Eine genauere Analyse der Abelschen Vollranghalbsysteme erfolgt im nächsten Kapitel. Dabei wird insbesondere der Existenzsatz für primitive Halbsysteme auf Vollranghalbsysteme ausgedehnt werden.

Wir wollen nun das Dual eines CM-Typs einführen und einige einfache Eigenschaften diskutieren. Sei (K,H) ein CM-Typ und $S = \{\sigma \in G ; \sigma|_K \in H\}$. Gewissermassen dual zur Definition von W in Def. 1.3 setzen wir

$$W' := \{\gamma \in G \; ; \; \gamma S = S\} \quad .$$

Der zu W' gehörige Fixkörper in L sei K', und es sei

$$H' := \{\sigma_{|K'} \; ; \; \sigma^{-1} \in S\} \quad .$$

Proposition 1.10: a) (K',H') ist ein primitiver CM-Typ.

b) (K',H') ist unabhängig von der Wahl von L.

c) K' wird über $\mathbb{Q}$ erzeugt durch alle Elemente der Form

$$\sum_{\tau \in H} \tau(\xi) \qquad \text{mit} \quad \xi \in K \quad .$$

Beweis. a) Wir setzen

$$S^{-1} := \{\sigma \in G \; ; \; \sigma^{-1} \in S\} \quad .$$

Wegen $S^{-1} = \{\sigma \in G \; ; \; \sigma_{|K'} \in H'\}$ ist nach Prop. 1.1 jedenfalls (K',H') ein CM-Typ, falls für $\sigma \in G$ gilt :

$$G = S^{-1} \cup S^{-1}\sigma\rho\sigma^{-1} \; , \; S^{-1}\sigma\rho\sigma^{-1} = \sigma\rho\sigma^{-1} \cdot S^{-1} \quad .$$

Die Gültigkeit dieser Bedingung folgt sofort aus der dazu äquivalenten Eigenschaft für S anstelle von S^{-1}. Die Primitivität ergibt sich wegen $W' = \{\gamma \in G \; ; \; S^{-1}\gamma = S^{-1}\}$.

c) Für $\gamma \in W'$ ist $\gamma \cdot s(H) = s(H)$, also für $\xi \in K$

$$\gamma \cdot \sum_{\tau \in H} \tau(\xi) = \sum_{\tau \in H} \tau(\xi) \quad . \qquad (*)$$

Umgekehrt hat ein $\gamma \in G$ mit $(*)$ wegen der linearen Unabhängigkeit der Isomorphismen τ die Eigenschaft $\gamma \cdot s(H) = s(H)$, d. h. $\gamma \in W'$.

b) Nach c) ist sicher K' unabhängig von der Wahl von L. Vergrössert man L, so sieht man leicht, dass H unverändert bleibt. Sind L_1 und L_2 beliebige absolut normale endliche Erweiterungen von K, so schalte man das Kompositum L_1L_2 dazwischen und schliesse dann wie zuvor, dass mit L_1 dasselbe H wie mit L_2 gegeben ist.

Definition 1.11: Der CM-Typ (K',H') heisst das Dual oder der duale CM-Typ zu (K,H).

Die Dualbildung ist i. allg. keine involutorische Operation auf den CM-Typen, insbesondere gibt es verschiedene CM-Typen mit ein und demselben Dual. Da die Dualbildung nur primitive CM-Typen liefert, kann man höchstens auf der Menge der primitiven CM-Typen erwarten, dass der Übergang zum Bidual (K'',H'') (d. h. dem Dual des Duals) von (K,H) wieder (K,H) liefert.

Bemerkung 1.12: (K,H) ist primitiv genau dann, wenn $K = K''$ ist, und dann gilt sogar $(K,H) = (K'',H'')$. Stets ist $K'' \leq K$, und für einen vorgegebenen primitiven CM-Typ (K_o,H_o) ist die Gesamtheit aller CM-Typen (K,H) mit Bidual $(K'',H'') = (K_o,H_o)$ gegeben durch die endlichen Erweiterungen K/K_o mit

$$H = \{\sigma \in \mathrm{Iso}(K,\mathbb{C}) \; ; \; \sigma|_{K_o} \in H_o\} \quad .$$

Beweis. K'' ist der Fixkörper von W. Dies erklärt das Primitivitätskriterium. Sei $\sigma \in G$ und $\sigma|_K = \mathrm{id}$. Dann ist $S\sigma^{-1} = S$, also $\sigma^{-1} \in W$ und damit $\sigma \in W$. Dies zeigt

$$G(L/K) \leq W = G(L/K'') \quad ,$$

also $K'' \leq K$. Ist (K,H) gegeben mit $(K'',H'') = (K_o,H_o)$, so ist $K_o = K'' \leq K$ und $H_o = H'' = S|_{K''} = H|_{K''}$, also $H = \{\sigma \in \mathrm{Iso}(K,\mathbb{C}) \; ; \sigma|_{K_o} \in H_o\}$. Ist umgekehrt K/K_o endliche Erweiterung und H bzw. S die Menge aller Fortsetzungen von H_o auf K bzw. L, einen absolut normalen Oberkörper von K, so folgt aus der Primitivität von (K_o,H_o) :

$$W = \{\sigma \in G(L/\mathbb{Q}) \; ; \; S\sigma = S\} = G(L/K_o) \quad ,$$

also $K'' = L^W = K_o$ und $H'' = S|_{K''} = H_o$.

Wir nennen (K,H) den von (K_o,H_o) auf K induzierten CM-Typ, falls $(K'',H'') = (K_o,H_o)$ ist, und setzen

$$\mathrm{ind}_K(K_o,H_o) := (K,H) \quad .$$

Falls K selbst normal ist über $\mathbb{Q}$, liegt K' in K, jedoch i. allg. nicht K'' in K'. Aus dem vorangegangenen folgt sofort

Bemerkung 1.13: Für absolut Abelsches K ist (K,H) primitiv genau dann, wenn $K = K'$ ist.

Dass dies Kriterium für normales K i. allg. in jeder Richtung falsch ist, zeigt folgendes

Beispiel: Sei K ein absolut normaler CM-Körper mit Galoisgruppe $G = \mathbb{Z}/2\mathbb{Z} \times \mathfrak{A}_5$, wobei die alternierende Gruppe $\mathfrak{A}_5$ als Galoisgruppe eines total-reellen Zahlkörpers $K_+/\mathbb{Q}$ zu realisieren ist (z. B. K_+ als Zerfällungskörper von $f(X) = X^5+5X^4-7X^3-11X^2+10X+3$, vgl. [B]), und K als Kompositum von K_+ und einem geeigneten imaginär-quadratischen Zahlkörper $\mathbb{Q}(\sqrt{-d})$ erzeugt wird. Die komplexe Konjugation hat als Element von G die Form $\rho = (1,\mathrm{id})$. Im folgenden geben wir je ein Halbsystem $H \subseteq G$ an derart, dass gilt :

a) (K,H) ist primitiv und K' echter Teilkörper von K bzw.

b) $K' = K$ und (K,H) ist nicht primitiv.

Dazu betrachten wir die Erzeuger $\tau = (123)$, $\lambda = (124)$, $\sigma = (125)$ der $\mathfrak{A}_5$, aufgefasst als Permutationsgruppe von 5 Ziffern. Wir fassen zwei Rechtsnebenklassen der von τ erzeugten zyklischen Gruppe $<\tau>$ zusammen zu

$$H_o := <\tau>\sigma \; \dot{\cup} \; <\tau>\lambda \quad .$$

Dann gilt offensichtlich $\tau H_o = H_o$ und $\tau(\mathfrak{A}_5 \setminus H_o) = \mathfrak{A}_5 \setminus H_o$. Wir definieren nun ein Halbsystem in G durch

$$H := \{(0,\gamma) \; ; \; \gamma \in H_o\} \; \dot{\cup} \; \{(1,\gamma) \; ; \; \gamma \in \mathfrak{A}_5 \setminus H_o\} \quad .$$

Wegen $(0,\tau)\cdot H = H$ ist $|W'| > 1$, d. h. $K' \subsetneqq K$. Man prüft andererseits leicht nach, dass $H\cdot x = H$ nur für $x = (0,id)$ möglich ist, sodass $|W| = 1$, also (K,H) primitiv ist. Damit ist a) für (K,H) gezeigt. Definieren wir H_o durch Linksnebenklassen, also $H_o := \sigma<\tau> \dot{\cup} \lambda<\tau>$, so folgt b) analog.

Wir kehren zurück zu nicht notwendig Galoisschen CM-Typen.

Proposition 1.14: (Kubota/Ribet) Sei (K,H) ein CM-Typ und (K',H') sein Dual. Dann ist $rg(H) = rg(H')$ und es besteht die untere Rangabschätzung

$$1+\max(\log_2(K'':\mathbb{Q}) \; , \; \log_2(K':\mathbb{Q})) \leq rg(H) \quad .$$

Beweis. (Vgl. auch [R2], wo dies für primitive (K,H) ausgeführt ist.) Es ist $rg(H) = rg_{\mathbb{Z}}(\mathbb{Z}[G]\cdot s(S))$ und $rg(H') = rg_{\mathbb{Z}}(\mathbb{Z}[G]\cdot s(S^{-1}))$. Unter dem Antiisomorphismus

$$A : \mathbb{Z}[G] \longrightarrow \mathbb{Z}[G], \; \sum_{\sigma} a_{\sigma}\sigma \longmapsto \sum_{\sigma} a_{\sigma}\sigma^{-1}$$

wird $A(\mathbb{Z}[G]\cdot s(S^{-1})) = s(S)\cdot\mathbb{Z}[G]$, d. h. $rg(H) = rg(H')$, da, wie schon früher bemerkt wurde (vgl. Bew. von Bem. 1.9 b)),

$$rg_{\mathbb{Z}}(\mathbb{Z}[G]\cdot s(S)) = rg_{\mathbb{Z}}(s(S)\cdot\mathbb{Z}[G])$$

gilt. Zur Rangabschätzung genügt es also $1+\log_2(K:\mathbb{Q}) \leq rg(H)$ zu zeigen für einen primitiven CM-Typ (K,H), wobei wir (K',H') wieder zu (K,H) umbenannt haben. Für primitives (K,H) ist

$$rg(H) = rg_{\mathbb{Z}}(s(S)\cdot\mathbb{Z}[G]) \geq \dim_{\mathbb{F}_2}(\sum_{\sigma\in V} \mathbb{F}_2\cdot s(S\sigma)) \quad ,$$

wobei V in G ein Vertretersystem der Rechtsnebenklassen $W\sigma$ durchläuft. Wegen $|V| = (K:\mathbb{Q})$ liegen in dem betrachteten $\mathbb{F}_2$-Vektorraum mindestens die $2\cdot(K:\mathbb{Q})$ verschiedenen Elemente

$$s(S\sigma), \; s(S) + s(S\sigma) \qquad \text{für } \sigma \in V \quad ,$$

sodass die $\mathbb{F}_2$-Dimension mindestens $1+\log_2(K:\mathbb{Q})$ beträgt, was die gewünschte Abschätzung für $rg(H)$ ergibt.

Anmerkung 1.15 : Shimura hat gezeigt, dass für jede natürliche Zahl $d \geq 1$ ein CM-Typ (K,H) mit $(K:\mathbb{Q}) = 2\cdot d$ existiert derart, dass $(K':\mathbb{Q}) = 2^d$ ist ([S2] 1.10). Insbesondere ist (K,H) dann vom Vollrang.

2. Der Grössencharakter einer CM-Varietät

Sei k ein endlicher Erweiterungskörper von $\mathbb{Q}$, und sei A eine über k definierte Abelsche Varietät der Dimension g, d. h. A ist irreduzible, projektive algebraische Gruppe über k, und die Gruppe $A(\mathbb{C})$ der $\mathbb{C}$-rationalen Punkte auf A ist isomorph zu einem g-dimensionalen Torus

$$A(\mathbb{C}) \simeq \mathbb{C}^g/\Lambda \tag{1}$$

mit einem Gitter $\Lambda \subseteq \mathbb{C}^g$. Existiert ein algebraischer Zahlkörper K vom Grad $2g$ über $\mathbb{Q}$, der sich in die Endomorphismenalgebra $\mathrm{End}(A) \otimes \mathbb{Q}$ einbetten lässt, so nennen wir A eine CM-Varietät. Genauer handelt es sich dabei um ein Paar (A,Θ) mit einer Einbettung $\Theta : K \longrightarrow \mathrm{End}(A) \otimes \mathbb{Q}$. Man sagt, (A,Θ) ist über k definiert, falls A über k definiert ist und ebenso alle Endomorphismen aus $\Theta(K) \cap \mathrm{End}(A)$ über k definiert sind. Die zur Torusdarstellung gehörige exakte Sequenz

$$0 \longrightarrow \Lambda \longrightarrow \mathbb{C}^g \xrightarrow{\ \omega\ } A(\mathbb{C}) \longrightarrow 0 \tag{2}$$

mit holomorphem ω bestimmt für jeden Endomorphismus λ aus $\mathrm{End}(A)$ eine lineare Abbildung ϕ von $\mathbb{C}^g$ auf sich. Die Zuordnung $\lambda \longmapsto \phi$ ist ein Ringhomomorphismus, der sich eindeutig fortsetzt zu einem $\mathbb{Q}$-Algebrenhomomorphismus

$$\phi : \mathrm{End}(A) \otimes \mathbb{Q} \longrightarrow \mathrm{End}(\mathbb{C}^g) \quad .$$

ϕ heisst eine analytische Darstellung von $\mathrm{End}(A) \otimes \mathbb{Q}$ (vgl. [S-T], I.3), und die Einschränkung von ϕ auf $\Theta(K)$ ist äquivalent zur direkten Summe von g Isomorphismen $\varphi_1,\ldots,\varphi_g$ aus $\mathrm{Iso}(K,\mathbb{C})$ derart, dass (vgl. [S-T], II. 5.2)

$$\mathrm{Iso}(K,\mathbb{C}) = \{\varphi_1,\ldots,\varphi_g,\rho\varphi_1,\ldots,\rho\varphi_g\} \quad .$$

Nach [S-T], II. 5.2 ist mit $H := \{\varphi_1,\ldots,\varphi_g\}$ das Paar (K,H) ein CM-Typ und heisst der CM-Typ der CM-Varietät (A,Θ). Umgekehrt ist jeder CM-Typ der CM-Typ einer CM-Varietät. Will man nur die Beziehung zwischen A und K hervorheben, so sagt man kurz : A hat komplexe Multiplikation mit K. Seien (A_i,Θ_i) für $i = 1,2$ CM-Varietäten mit komplexer Multiplikation mit K. Unter einem Homomorphismus λ von (A_1,Θ_1) in (A_2,Θ_2) versteht man einen Homomorphismus $\lambda : A_1 \longrightarrow A_2$ mit der Eigenschaft $\lambda\circ\Theta_1(\alpha) = \Theta_2(\alpha)\circ\lambda$ in $\mathrm{Hom}(A_1,A_2) \otimes \mathbb{Q}$ für alle $\alpha \in K$. Wir schreiben

$$(A_1,\Theta_1) \underset{k}{\sim} (A_2,\Theta_2) \quad ,$$

falls eine über k definierte Isogenie $\lambda : (A_1,\Theta_1) \longrightarrow (A_2,\Theta_2)$ existiert. Der CM-Typ legt bereits die $\mathbb{C}$-Isogenieklasse von (A,Θ) fest. Stets kann eine analytische Darstellung (2) mit einem Gitter Λ der Form $\Lambda = \check{u}(\mathfrak{a})$ gewählt werden mit

$$\check{u} : K \longrightarrow \mathbb{C}^g , \quad x \longmapsto (\varphi_1(x),\ldots,\varphi_g(x))$$

und einem freien $\mathbb{Z}$-Modul $\mathfrak{a}$ in K vom Rang $2g$ ([S-T], II. 6). Jede über k definierte CM-Varietät (A,Θ) definiert nun g Grössencharaktere von k in folgender Weise ([S-T], 18.4 und [S3],[S4]) :

Ist (K',H') der zu (K,H) duale CM-Typ, so gilt $K' \subseteq k$, und wir erhalten einen Idelhomomorphismus

$$h : I_k \longrightarrow I_K \quad , \quad z \longmapsto \prod_{\tau \in H'} N_{k/K'}(z)^{\tau} \quad .$$

Für die Konstruktion der Grössencharaktere unerheblich, jedoch für spätere Zwecke wichtig ist die folgende genauere Beschreibung von h , die man leicht einsieht.

<u>Bemerkung 2.1</u>: a) <u>Ist</u> (K'',H'') <u>Dual zu</u> (K',H') , <u>so liegt das Bild von</u> h <u>in</u> $I_{K''}$ <u>und</u>

$$\prod_{\tau \in H'} N_{k/K'}(\alpha)^{\tau} \in K'' \qquad \underline{\text{für}} \quad \alpha \in k \quad .$$

b) <u>Ist</u> $(\tilde{K},\tilde{H})$ <u>ein beliebiger</u> CM-Typ mit Bidual (K'',H'') , <u>so ist</u> $K'' \leq \tilde{K}$ <u>und somit</u> $h(I_k) \subseteq I_{\tilde{K}}$.

Wir fahren fort in der Konstruktion der Grössencharaktere. Jeder Torsionspunkt $\omega(\check{u}(x))$ mit $x \in K$ ist rational über der maximal Abelschen Erweiterung k_{ab} von k, und die Wirkung des Artin-Symbols $[z,k]$ auf den Torsionspunkten ist wie folgt beschrieben : Es gibt einen eindeutig bestimmten Idelcharakter $\alpha : I_k \longrightarrow K^{\times}$, sodass gilt

$$\omega(\check{u}(x))^{[z,k]} = \omega(\check{u}\,(\alpha(z)\cdot h(z)^{-1}\cdot x)) \quad \text{für} \quad z \in I_k \,, \quad x \in K$$

und

$$\alpha(z)\cdot h(z)^{-1}\,\mathfrak{a} = \mathfrak{a} \qquad \text{für} \quad z \in I_k \quad .$$

(Zur Operation der Idele auf den Gittern $\mathfrak{a} \subseteq K$ bzw. den Quotienten $K/\mathfrak{a}$ vgl. [S3], 5.2.) Projizieren wir das Idel $\alpha(z)\cdot h(z)^{-1}$ auf seine ν-te ∞-Komponente für $\nu = 1,\ldots,g$, so erhalten wir nach [S3] , 7.8 g Grössencharaktere

$$\psi_\nu : I_k \longrightarrow \mathbb{C}^{\times} \quad , \quad z \longmapsto (\alpha(z)\cdot h(z)^{-1})_{\infty\nu}$$

mit den Eigenschaften :

a) α und ψ_ν hängen nur ab von der k-Isogenieklasse von (A,Θ) .

b) Für $y \in I_\infty$ gilt : $\psi_\nu(y) = h(y)^{-1}_{\infty\nu}$.

c) Bezeichnet σ_ν die zur ν-ten ∞-Komponente gehörige Einbettung von K in $\mathbb{C}$ mit o.B.d.A. $\sigma_1 = \mathrm{id}$, so gilt für $x \in I_o$:

$$\psi_\nu(x) \in \sigma_\nu(K)^\times , \quad |\psi_\nu(x)|^2 = N(x), \quad \psi_1(x)\mathfrak{a} = h(x)\mathfrak{a} \quad ,$$

wobei $N(x)$ die Absolutnorm des Ideals von x bezeichnet.

d) Sind (A,Θ) und (A',Θ') über k definierte CM-Varietäten vom selben CM-Typ, so sind sie k-isogen genau dann, wenn ihre Grössencharaktere ψ_1 und ψ_1' übereinstimmen.

Wegen d) heisst $\psi := \psi_1$ auch der Grössencharakter von (A,Θ). Die Eigenschaften b) und c) sind charakteristisch für die Herkunft der Grössencharaktere ψ_ν von CM-Varietäten. Es gilt nach [S4], Theor. 6:

Satz 2.2: (Shimura/Casselman) Jeder Grössencharakter ψ von k mit den Eigenschaften b) und c) von ψ_1, d. h. genauer mit

$b_1)$ $$u(\psi) = - \sum_{\tau \in H'} \operatorname{cor}^k_{K'}(\tau) \quad ,$$

$c_1)$ $$\psi(x) \in K , \quad |\psi(x)|^2 = N(x) \quad \text{für} \quad x \in I_o$$

ist der Grössencharakter einer über k definierten CM-Varietät (A,Θ) vom CM-Typ (K,H). Dabei lässt sich das Periodengitter $\mathfrak{a}$ von A durch ein beliebiges Ideal der Hauptordnung von K vorgeben.

Folgerung 2.3: Mit den Bezeichnung von I. 2.6 und Satz 2.2 gilt

$$u(\psi) \in u(\mathfrak{g}_o(k)^K) \quad .$$

Beweis. Für ein zum Führer $\mathfrak{f}$ von ψ primes Ideal $\mathfrak{a}$ von k gilt nach I. (5) die Divisorgleichheit $\tilde{\psi}(\mathfrak{a}) \simeq \mathfrak{a}^{-u(\psi)}$, also nach Satz 2.2 c_1) wegen $\tilde{\psi}(\mathbb{D}^{(\mathfrak{f})}) \subseteq \psi(I_o) \subseteq K^\times$ schliesslich $\psi \in \mathfrak{g}_o(k)^K$.

3. Die CM-Varietäten eines Grössencharakters

Nach Satz 2.2 ist jeder Grössencharakter ψ von k mit den Eigenschaften b_1) und c_1) für einen CM-Körper $K' \leq k$ und einen primitiven CM-Typ (K',H') der Grössencharakter einer CM-Varietät, deren CM-Typ (K,H) gerade das Dual (K',H') hat. Nach Eigenschaft d) ist die k-Isogenieklasse dieser CM-Varietät durch ψ und (K,H) eindeutig festgelegt. Wir wollen nun alle CM-Varietäten bei variablem CM-Typ beschreiben, deren Grössencharakter das vorgegebene ψ ist. Sei ψ Grössencharakter von k, K_o ein CM-Teilkörper in k und (K_o,H_o) ein primitiver CM-Typ derart, dass gilt:

$$\psi(y) = \Big(\prod_{\tau \in H_o} N_{k/K_o}(y)^\tau \Big)_{\infty 1}^{-1} \quad \text{für} \quad y \in I_\infty \quad . \tag{1}$$

Hierbei wird nach Anmerkung 2.1 das ψ-Bild in der Idelgruppe $I_{K_o'}$ des Körpers K_o'

zum Dual (K'_o,H'_o) von (K_o,H_o) liegen.

Bemerkung 3.1: Für $x \in I_o$ gilt $|\psi(x)|^2 = N(x)$, d. h. der zweite Teil der Forderung c_1) in Satz 2.2 ist stets erfüllt.

Beweis. Einerseits ist mit ψ auch $|\psi|^2$ ein Grössencharakter vom Typ A_o. Der Unendlichtyp berechnet sich nach (1) mit

$$|\psi(\alpha_\infty)|^2 = \left(\prod_{\tau \in H_o} N_{k/K_o}(\alpha_\infty)^{\tau+\rho\tau}\right)^{-1}_{\infty 1}$$

$$= (N_{k/\mathbb{Q}}(\alpha_\infty))^{-1}_{\infty 1}$$

für $\alpha \in k^\times$ zu

$$u(|\psi|^2) = -\sum_{\sigma \in Iso(k,\mathbb{C})} \sigma \quad .$$

Andererseits ist der Absolutbetrag $\|\cdot\|$ eines Idels aus I_k (vgl. I. 1.6) ein Grössencharakter mit Unendlichtyp

$$u(\|\cdot\|) = \sum_{\sigma\ Iso(k,\mathbb{C})} \sigma \quad ,$$

denn

$$\|\alpha_\infty\| = \prod_{\mathfrak{p}|\infty} |\alpha|_{\mathfrak{p}} = \pm \prod_{\sigma\ Iso(k,\mathbb{C})} \sigma(\alpha) \quad .$$

Nach I. Prop. 1.2 unterscheiden sich $|\psi|^2$ und $\|\cdot\|^{-1}$ nur um einen Charakter endlicher Ordnung. Da aber beide Grössencharaktere nur positive reelle Werte annehmen, sind sie sogar gleich und stimmen daher insbesondere auf I_o überein. Wegen

$$\|x\|^{-1} = \prod_{\mathfrak{p}\nmid\infty} |x_{\mathfrak{p}}|^{-1}_{\mathfrak{p}} = N(x) \quad \text{für} \quad x \in I_o$$

ist damit die Bemerkung gezeigt.

Wir setzen nun $K := K'_o(\psi(I_o))$ und

$$H := \{\tau \in Iso(K,\mathbb{C}) \; ; \; \tau_{|K'_o} \in H'_o\} \quad .$$

Bemerkung 3.2: K ist der CM-Körper $K = K'_o(\psi) = K'_o(\tilde{\psi})$ (Verschärfung von I. 1.8 für ψ) und (K,H) ist CM-Typ mit dem Dual (K_o,H_o) .

Beweis. Nach I. Prop. 1.8 ist $\mathbb{Q}(\tilde{\psi})$ CM-Körper, also auch dessen Kompositum $K'_o(\tilde{\psi})$ mit dem CM-Körper K'_o wieder ein CM-Körper. Ferner gilt stets für einen Erklärungsmodul $\mathfrak{m}$ von ψ : $\tilde{\psi}(\mathbb{D}^{(\mathfrak{m})}) \subseteq \psi(I_o)$. Durch simultane Approximation folgt sofort $\psi(I_o) \subseteq \psi(k_\infty)\cdot\tilde{\psi}(\mathbb{D}^{(\mathfrak{m})})$ mit $k_\infty = \{\alpha_\infty \in I_k \; ; \; \alpha \in k\}$. Nach (1) ist

$$\psi(\alpha_\infty) = \left(\prod_{\tau \in H_o} N_{k/K_o}(\alpha)^\tau\right)^{-1} \quad ,$$

also $\psi(\alpha_\infty) \in K'_o$ nach Bemerk. 2.1. Damit folgt $K'_o(\tilde{\psi}) = K'_o(\psi)$. Es ist klar, dass (K,H) ein CM-Typ ist nach Prop. 1.1 und dass gilt : $(K'',H'') = (K'_o,H'_o)$ nach Bemerk. 1.12. Nochmaliger Übergang zum Dual liefert schliesslich die Behauptung $(K',H') = (K_o,H_o)$.

Wir erhalten in kanonischer Weise eine Serie von CM-Varietäten mit dem vorgegebenen Grössencharakter ψ als zugehörigem Grössencharakter durch folgenden Induktionsprozess : Der induzierte CM-Typ

$$(K'_o(\psi),H) = \mathrm{ind}_{K'_o(\psi)}(K'_o,H'_o)$$

und ψ legen nach Satz 2.2 bis auf k-Isogenie eindeutig eine CM-Varietät (A_1,Θ_1) über k fest, die wir die Basisvarietät von ψ nennen wollen. Die Basisvarietät ist offensichtlich allein durch ψ festgelegt, und sie ist einfach genau dann, wenn $\psi(I_o) \subseteq K'_o$ gilt. Wir zeigen zunächst

Lemma 3.3: Für jede Potenz B^N einer CM-Varietät (B,Θ) über k vom Typ (K,H) mit Grössencharakter χ und jeden Erweiterungskörper L/K vom Grad N existiert eine komplexe Multiplikation $\Theta_N : L \longrightarrow \mathrm{End}(B^N) \otimes \mathbb{Q}$ derart, dass gilt

a) (B^N,Θ_N) ist über k definiert,

b) der CM-Typ von (B^N,Θ_N) ist $\mathrm{ind}_L(K,H)$,

c) χ ist der Grössencharakter von (B^N,Θ_N) .

Eine CM-Varietät $(\tilde{A},\tilde{\Theta})$ über k , die k-isogen ist zu einem (B^N,Θ_N) , heisse eine k-Induzierte von (B,Θ) .

Beweis von Lemma 3.3. Sei

$$0 \longrightarrow \mathfrak{a} \longrightarrow \mathbb{C}^g \longrightarrow B(\mathbb{C}) \longrightarrow 0$$

eine Torusdarstellung von B gemäss 2. (2) mit einem Gitter $\mathfrak{a} \leq K$ und $\mathfrak{u}(\alpha) := (\ldots,\sigma(\alpha),\ldots)_{\sigma\in H}$ für $\alpha \in K$. Ist L/K ein Erweiterungskörper vom Grad N mit einer K-Basis $b_1,\ldots,b_N$, so definieren wir in L das Gitter

$$\mathfrak{b} := \sum_{i=1}^{N} \mathfrak{a}\cdot b_i$$

und den Gitterisomorphismus

$$\varphi : \mathfrak{a}^N \longrightarrow \mathfrak{b}\ , \quad (\alpha_1,\ldots,\alpha_N) \longmapsto \sum_i \alpha_i b_i \quad .$$

Sei $\mathrm{ind}_L(K,H) = (L,S)$. Dann erhalten wir ein kommutatives Diagramm

$$\begin{array}{ccccccccc}
0 & \longrightarrow & \mathfrak{a}^N & \xrightarrow{\breve{u}\times\ldots\times\breve{u}} & \mathbb{C}^{gN} & \xrightarrow{\omega\times\ldots\times\omega} & B^N(\mathbb{C}) & \longrightarrow & 0 \\
 & & \downarrow\varphi & & \downarrow\phi & & \downarrow\mathrm{id} & & \\
0 & \longrightarrow & \mathfrak{b} & \xrightarrow{\breve{u}'} & \mathbb{C}^{gN} & \xrightarrow{\omega'} & B^N(\mathbb{C}) & \longrightarrow & 0
\end{array}$$

wobei $\breve{u}'(\beta) := (\ldots,\gamma(\beta),\ldots)_{\gamma\in S}$ für $\beta\in L$ und ϕ den von φ induzierten Automorphismus von $\mathbb{C}^{gN}$ bezeichnet. Die untere Zeile des Diagramms legt auf B^N eine komplexe Multiplikation mit L fest vom Typ (L,S) ; nämlich

$$\Theta_N : L \longrightarrow \mathrm{End}(B^N)\otimes\mathbb{Q}$$

mit

$$\Theta_N(\beta)\ (\omega'(\underline{z})) := \omega'(\mathrm{Diag}(\breve{u}'(\beta))\cdot\underline{z})$$

für $\beta\in\mathrm{Ordnung}(\mathfrak{b})$, wobei $\mathrm{Diag}(\breve{u}'(\beta))$ die Diagonalmatrix mit $\breve{u}'(\beta)$ in der Hauptdiagonalen bezeichnet. Die k-Rationalität von Θ_N folgt sofort aus der k-Rationalität von Θ und der damit erzeugten Endomorphismenteilalgebra in $\mathrm{End}(B^N)\otimes\mathbb{Q}$, welche isomorph zum vollen Matrizenring $M_N(K)$ ist und via reguläre Darstellung von L auf K^N die Teilalgebra $\Theta_N(L)$ enthält. Zum Nachweis von c) betrachten wir die Operation des Artin-Symbols $[z,k]$ für $z\in I_k$ auf der Torsion von B^N

$$\mathrm{Tor}(B^N) = \omega'(\breve{u}'(L)) = \omega(\breve{u}(K))\times\ldots\times\ \omega(\breve{u}(K)) \qquad ,$$

wobei $\overline{v}\in L/\mathfrak{b}$ entspricht $(\ldots,\overline{v}_i,\ldots)\in(K/\mathfrak{a})^N$ via $v = \Sigma\ v_i\cdot b_i$. Der zu (B^N,Θ_N) gehörige Idelhomomorphismus (nach I.2)

$$h' : I_k \longrightarrow I_L\ ,\quad z\longmapsto \prod_{\tau\in H'} N_{k/K'}(z)$$

hängt nur ab vom Dual (K',H') von (K,H) und ist deshalb gleich dem Idelhomomorphismus $h : I_k \longrightarrow I_K$ der CM-Varietät (B,Θ) (vgl. hierzu Bemerk. 2.1.). Demnach ist χ als der Grössencharakter von (B^N,Θ_N) nachgewiesen, wenn gezeigt ist, dass der Idelcharakter $\alpha: I_k \longrightarrow K^\times$ zu (B,Θ) mit dem Idelcharakter $\alpha' : I_k \longrightarrow L^\times$ zu (B^N,Θ_N) übereinstimmt. Einerseits ist α' eindeutig bestimmt durch die Identität

$$\omega'(\breve{u}'(x))^{[z,k]} = \omega'(\breve{u}'(\alpha'(z)\cdot h(z)^{-1}\cdot x))$$

für $z\in I_k$, $x\in L$. Andererseits gilt wegen der entsprechenden Identität für α mit $x = \sum_i x_i\cdot b_i$:

$$\omega'(\check{\mathcal{U}}'(x))^{[z,k]} = (\ldots,\omega(\check{\mathcal{U}}(x_i))^{[z,k]},\ldots)$$

$$= (\ldots,\omega(\check{\mathcal{U}}(\alpha(z)\cdot h(z)^{-1}\cdot x_i)),\ldots) .$$

Wählen wir $v_i \in K$ mit $\overline{v_i} = \overline{\alpha(z)\cdot h(z)^{-1}\cdot x_i}$ in $K/\mathfrak{a}$, so folgt

$$\omega'(\check{\mathcal{U}}'(x))^{[z,k]} = \omega'(\check{\mathcal{U}}'(\sum_i v_i\cdot b_i))$$

$$= \omega'(\check{\mathcal{U}}'(\alpha(z)\cdot h(z)^{-1}\cdot x)) ,$$

und somit $\alpha = \alpha'$.

Das Lemma 3.3 liefert nun, angewandt auf die Basisvarietät (A_1,Θ_1) von ψ , dass jede k-Induzierte wieder ψ als Grössencharakter hat. Eine Übersicht über alle CM-Varietäten mit ψ als Grössencharakter gibt

Satz 3.4: Sei ψ ein Grössencharakter von k vom Typ A_0 und $K_0 \leq k$. Sei ferner (K_0,H_0) ein primitiver CM-Typ, und der Unendlichtyp von ψ sei

$$u(\psi) = -\sum_{\sigma} \sigma \in \mathbb{Z}\cdot \mathrm{Iso}(k,\mathbb{C}) ,$$

wobei σ alle Isomorphismen $k \longrightarrow \mathbb{C}$ mit $\sigma|_{K_0} \in H_0$ durchläuft.

Dann sind für eine über k definierte CM-Varietät (A,Θ) die folgenden Aussagen äquivalent :

a) ψ ist der Grössencharakter von (A,Θ) .

b) (A,Θ) ist k-Induzierte der Basisvarietät (A_1,Θ_1) von ψ , d. h. für ein $N \in \mathbb{N}$ gilt :

$$(A,\Theta) \underset{k}{\simeq} (A_1^N,\Theta_N) .$$

Beweis. Nach Lemma 3.3 impliziert b) stets a). Ist umgekehrt ψ der Grössencharakter von (A,Θ) und hat (A,Θ) den CM-Typ (L,S) , so ist der duale Typ gegeben durch $(L',S') = (K_0,H_0)$, was man etwa am zugehörigen Idelhomomorphismus $h : I_k \longrightarrow I_L$ abliest. Demnach gilt

$$(L,S) = \mathrm{ind}_L(K_0',H_0') .$$

Ferner liegen alle ψ-Werte $\psi(x)$ für $x \in I_0$ nach Satz 2.2 in L , d. h. insbesondere $K_0'(\psi) \leq L$, also $(L,S) = \mathrm{ind}_L(K_0'(\psi),H)$ mit

$$H = \{\tau \in \mathrm{Iso}(K_0'(\psi),\mathbb{C}) \; ; \; \tau|_{K_0'} \in H_0'\} .$$

Mit $N := (L:K_0'(\psi))$ hat also nach Lemma 3.3 (A,Θ) denselben CM-Typ wie die k-Induzierte (A_1^N,Θ_N) der Basisvarietät (A_1,Θ_1) zu ψ . Da beide CM-Varietäten auch denselben Grössencharakter ψ bestimmen, sind sie nach Eigenschaft d) in II. 2 über k isogen, was den Beweis des Satzes abschliesst.

Satz 3.5: Sei (K_o', H_o') das Dual zu (K_o, H_o) und die Voraussetzungen wie im Satz 3.4. Genau dann liegen die Werte $\psi(I_o)$ des Grössencharakters ψ von (A, Θ) in K_o', wenn A über k isogen zerfällt in ein Produkt

$$A \underset{k}{\sim} B \times \ldots \times B$$

mit einer einfachen Abelschen Varietät B . (Dies verallgemeinert das Zerfallskriterium in [Schm 3] , Satz 3.)

Beweis. Falls $\psi(I_o) \subseteq K_o'$ ist, folgt aus dem Satz sofort $A \underset{k}{\sim} A_1^n$ und A_1 ist einfach, da der CM-Typ (K_o', H_o') von (A_1, Θ_1) primitiv ist. Sei umgekehrt $A \underset{k}{\sim} B^n$ mit einfachem B und (L,S) der CM-Typ von (A, Θ) , also insbesondere $(L,S) = \mathrm{ind}_L(K_o', H_o')$ nach Lemma 3.3 und Satz 3.4. Die Endomorphismenalgebra von B ist isomorph zu einem Teilkörper $K \leq L$ und Θ liefert eingeschränkt auf K eine komplexe Multiplikation auf B

$$\Theta' : K \longrightarrow \mathrm{End}(B) \otimes \mathbb{Q}$$

vom CM-Typ (K,H) mit $H := \{\sigma|_K ; \sigma \in S\}$ (vgl. [S-T], 5.1.2). (K,H) ist notwendig primitiv, und es gilt

$$\mathrm{ind}_L(K,H) = (L,S) = \mathrm{ind}_L(K_o', H_o') \quad ,$$

also $(K,H) = (K_o', H_o')$. Ferner ist wegen $k \geq K_o \geq K_o''$ nach [S-T] , 8.5 (B, Θ') über k definiert. Die k-Induzierte (B^n, Θ_n') vom CM-Typ (L,S) ist dann $\mathbb{C}$-isogen zu (A, Θ) . Da aber ganz $\mathrm{End}(B^n)$, also auch End(A) über k definiert ist, stellt letzteres bereits eine k-Isogenie dar. Dann haben (A, Θ) , (B^n, Θ_n') und (B, Θ') denselben Grössencharakter ψ , und es folgt insbesondere $\psi(I_o) \subseteq K_o'$.

Korollar 3.6: (1. Annullatorcharakterisierung) Sei $k = K_o$ Abelsch über $\mathbb{Q}$ und (K_o, H_o) primitiv. Genau dann ist der Divisorcharakter $\tilde{\psi}$ zu ψ K_o-wertig (liefert also insbesondere $u(\psi)$ einen Annullator der Klassengruppe von K_o), wenn für eine (und damit für jede) CM-Varietät (A, Θ) zu ψ eine einfache Abelsche Varietät B über K_o existiert mit

$$A \underset{K_o}{\sim} B \times \ldots \times B \quad .$$

Das Korollar 3.6 gehört inhaltlich bereits zu Kap. IV, wo dann systematisch geometrische Annullatorkriterien betrachtet werden. Wir notieren noch als eine weitere Konsequenz aus Satz 3.5 die folgende Charakterisierung des "Zerfallskörpers" k_o einer CM-Varietät (A, Θ) .

Korollar 3.7: Der kleinste Erweiterungskörper k_o/k eines Definitionskörpers k der CM-Varietät (A,Θ) derart, dass A über k_o isogen in ein Produkt $B \times \ldots \times B$ mit einer einfachen Abelschen Varietät B zerfällt, ist diejenige Abelsche Erweiterung von k, welche durch die Strahlklassencharaktere

$$\tilde{\psi}^{\tau-1} \quad \text{für} \quad \tau \in \mathrm{Iso}(\overline{\mathbb{Q}}/K_o',\mathbb{C})$$

von k definiert ist. (Dies verallgemeinert Satz 3 in [Schm 3].)

Beweis. Zunächst bemerken wir, dass sich bei Übergang zu einem grösseren Definitionskörper k'/k von (A,Θ) der zugehörige Grössencharakter ψ von k abändert zu $\psi' := \psi \circ N_{k'/k}$. Dies folgt sofort aus der Transfer-Eigenschaft des Artin-Symbols

$$[z',k']|_{k_{ab}} = [N_{k'/k}(z'),k]$$

und der Definition des Idelcharakters α (bzw. α') in II.2, der den Grössencharakter ψ (bzw. ψ') festlegt. Nach Bemerk. 3.2 ist $K_o(\psi') = K_o(\tilde{\psi}')$, sodass nach Satz 3.5 genau dann A über k in ein Produkt $A \sim B \times \ldots \times B$ mit einfachem B zerfällt, falls alle Werte des Divisorcharakters $\tilde{\psi}'$ in K_o' liegen. Dies bedeutet nach dem anfangs Bemerkten für einen passenden Erklärungsmodul $\mathfrak{m}$ gerade

$$N_{k'/k}(\mathbb{D}^{(\mathfrak{m})}(k')) \subseteq \bigcap_{\tau} \mathrm{Kern}(\tilde{\psi}^{1-\tau}) = \mathcal{H} \quad ,$$

wobei τ alle Automorphismen von $\overline{\mathbb{Q}}$ durchläuft, die K_o' festlassen. Klassenkörpertheorie liefert schliesslich, dass k' die durch $\mathcal{H}$ (bzw. die Artin-Symbole $\sigma_{\mathfrak{a}}$ für $\mathfrak{a} \in \mathcal{H}$) bestimmte Abelsche Erweiterung $k_o := \mathrm{Fix}(\sigma_{\mathfrak{a}}\,;\,\mathfrak{a} \in \mathcal{H})$ von k umfasst und dass insbesondere

$$N_{k_o/k}(\mathbb{D}^{(\mathfrak{m})}(k_o)) \subseteq \mathcal{H}$$

gilt, was den Beweis des Korollars beendet.

III. DIE HALBSYSTEME ABELSCHER CM-TYPEN

1. Primitive Halbsysteme und solche vom Vollrang

Das Studium der Halbsysteme Abelscher CM-Typen ist rein gruppentheoretischer Natur. Wir betrachten deshalb eine Abelsche Gruppe G der Ordnung $2g$ mit einer festen Involution ρ und dem Einselement ι. Unter einem Halbsystem H (bzgl. ρ) verstehen wir ein Vertretersystem in G der Nebenklassen von G modulo $\langle \rho \rangle$. Jedes Halbsystem H besitzt g Elemente und definiert wie in I. 1 in dem Gruppenring $R := \mathbb{Z}[G]$ das Element

$$s(H) := \sum_{\sigma \in H} \sigma \quad .$$

Analog zu Def. I. 1.7 definieren wir den Rang von H durch

$$rg(H) := rg_{\mathbb{Z}}(R\cdot s(H))$$

und nennen H vom Vollrang, falls $rg(H) = g+1$ gilt. Das R-Modulerzeugnis aller Halbsysteme s(H) in R sei

$$U(A_o) := \langle s(H)\ ;\ H \subseteq G \text{ Halbsystem} \rangle_R .$$

Wie man leicht sieht, gilt

Bemerkung 1.1: Für jedes beliebige Halbsystem H_o ist

$$U(A_o) = (1-\rho)R + \mathbb{Z}\cdot s(H_o) \quad ,$$

und es gilt

$$rg_{\mathbb{Z}}(U(A_o)) = g+1 \quad ,$$

was insbesondere die Vollrangdefinition rechtfertigt.

Ein Halbsystem H, dessen Fixgruppe $W = \{\sigma \in G\ ;\ \sigma H = H\}$ trivial ist, heisse primitiv. Mit Hilfe der komplexwertigen Charaktere $\chi \in X := \mathrm{Hom}(G,\mathbb{C}^{\times})$ formulieren wir das folgende Primitivitäts- bzw. Vollrangkriterium :

Proposition 1.2: a) Ein Halbsystem H ist primitiv genau dann, wenn zu jedem $\sigma \neq \iota$ in G ein Charakter $\chi \in X$ mit $\chi(\rho) = -1$ existiert so, dass

(1) $\chi(\sigma) \neq 1$

(2) $\sum_{\tau\in H} \chi(\tau) \neq 0$.

b) H hat Vollrang genau dann, wenn für jeden Charakter χ mit $\chi(\rho) = -1$ gilt

$$\sum_{\tau\in H} \chi(\tau) \neq 0 \quad .$$

c) Stets gilt

$$rg(H) = \left|\{\chi \in X\ ;\ \sum_{\tau\in H} \chi(\tau) \neq 0\}\right| \quad .$$

Beweis. a) Man interpretiere die Bedingung $\sigma H \neq H$ als Ungleichung im Gruppenring $C = \mathbb{C}[G]$ und werte diese für die χ-Eigenräume

$$C(\chi) := \{\delta \in C\ ;\ \sigma\delta = \chi(\sigma)\cdot\delta \quad \text{für } \sigma \in G\}$$

der Charaktere χ von G aus.

b) u. c) Für einen Zerfällungskörper L von G gilt :

$$rg(H) = \dim_L(L[G]\cdot s(H))$$

$$= \dim_L(\bigoplus_{\chi \in X} L \cdot \sum_{\tau \in H} \chi(\tau))$$

$$= |\{\chi \in X \; ; \; \sum_{\tau \in H} \chi(\tau) \neq 0\}|$$

(vgl. hierzu auch [Ku], Lemma 2). Die Behauptung b) folgt nun aus der Gleichung $\sum_{\tau \in H} \chi(\tau) = 0$ für alle nichttrivialen Charaktere χ mit $\chi(\rho) = 1$.

2. Der Existenzsatz für Vollranghalbsysteme

Wir kommen nun zu der in II. 1 angekündigten Verschärfung von Schappachers Existenzsatz für primitive CM-Typen.

Satz 2.1: Eine endliche Abelsche Gruppe G mit einer Involution ρ besitzt genau dann ein Halbsystem H (bzgl. ρ) vom Vollrang, wenn G nicht zur Kleinschen Vierergruppe V_4 isomorph ist.

Beweis. Zum Existenznachweis definieren wir ganz spezielle Halbsysteme und bestimmen deren Rang. Dazu betrachten wir eine beliebige direkte Zerlegung von G der Form $G = Z \times G_1$ mit zyklischem Z und $\rho \in Z$. Sei dabei ρ_o ein Erzeuger von Z und $|Z| = 2 \cdot s$. Die Behauptung des Satzes folgt unmittelbar aus

Lemma 2.2: Das Halbsystem

$$H := \{\rho\} \cup G_1 \setminus \{\iota\} \cup \{\rho_o^i \sigma \; ; \; i = 1,\ldots,s-1 \; , \; \sigma \in G_1\}$$

erzeugt den R-Modul $R \cdot s(H)$ vom Rang

$$rg(H) = \begin{cases} g & \text{für } |G_1| = 2 \; , \; s \equiv 1(2) \; , \\ g+1 & \text{sonst.} \end{cases}$$

Denn, da für $G \neq V_4$ die Zerlegung immer so wählbar ist, dass $|G_1| \neq 2$ oder s gerade ist, erreichen wir stets ein H vom Vollrang. Für $G = V_4$ sieht man leicht, dass kein primitives, also insbesondere kein H vom Vollrang existiert. Es bleibt noch das Lemma zu beweisen.

Beweis des Lemmas: Die vorgegebene Zerlegung $G = Z \times G_1$ induziert eine entsprechende Zerlegung der Charaktergruppe X

$$X = X_1 \times X_2$$

mit

$$X_1 := \{\chi \in X \; ; \; \chi_{|G_1} = 1\} \qquad (= \; <\chi_1> \text{ zyklisch}),$$

$$X_2 := \{\chi \in X \; ; \; \chi_{|Z} = 1\} \qquad .$$

Wegen $\rho \in Z$ haben die Charaktere mit $\chi(\rho) = -1$ die Form

$$\chi = \chi_1^{\lambda}\cdot\chi_2 \quad \text{mit} \quad \lambda \equiv 1(2) \;, \; \chi_2 \in X_2 \quad .$$

Im Hinblick auf die Rangformel in Prop. 1.2 c) berechnen wir

$$\chi(H) := \sum_{\tau\in H} \chi(\tau) \; .$$

Mit der primitiven 2s-ten Einheitswurzel $\zeta_{2s} := \chi_1(\rho_o)$ gilt :

$$\chi(H) = -1 + \sum_{\tau\in G_1\setminus\{i\}} \chi_2(\tau) + \sum_{i=1}^{s-1} \zeta_{2s}^{\lambda i}\cdot \sum_{\sigma\in G_1} \chi_2(\sigma) \quad .$$

<u>Fall</u> $\chi_2 = 1$:

$$\chi(H) = -1 + |G_1|-1 + |G_1|\cdot(2/(1-\zeta_{2s}^{\lambda})-1)$$

$$= 2(|G_1|/(1-\zeta_{2s}^{\lambda})-1) \; .$$

Demnach ist $\chi(H) = 0$ genau dann, wenn gilt

$$|G_1| = 2 \quad \text{und} \quad \lambda = s \equiv 1(2) \; .$$

<u>Fall</u> $\chi_2 \neq 1$: Hier folgt sofort $\chi(H) = -2$ wegen

$$\sum_{\sigma\in G_1} \chi_2(\sigma) = 0 \quad .$$

Somit ergibt sich die Formel des Lemmas aus Prop. 1.2 c) und der Tatsache, dass $\chi(H) = 0$ für $\chi \neq 1$ mit $\chi(\rho) = 1$.

3. <u>Eine Indexformel</u>

Für Halbsysteme H vom Vollrang ist $R\cdot s(H)$ von endlichem Index in $U(A_o)$. Dieser Index soll nun berechnet werden für die expliziten Halbsysteme des letzten Abschnitts.

<u>Satz 3.1</u>: <u>Für die Halbsysteme</u> H <u>aus Lemma</u> 2.2 <u>gilt</u>

$$(U(A_o) : R\cdot s(H)) = |(1-|G_1|)^s+1| \quad ,$$

<u>wobei das Verschwinden der rechten Seite anzeigt, wann</u> H <u>nicht Vollrang hat.</u>

<u>Beweis</u>. Mit den Idempotenten $\varepsilon^- := \frac{1}{2}(1-\rho)$ und $e := \frac{1}{2g} \sum_{\sigma\in G} \sigma$ in $\mathbb{Q}[G]$ gilt für jedes Halbsystem H

$$s(H) = (\varepsilon^- + e)\cdot s(H) \quad ,$$

das heisst für die Ordnung $\mathcal{O} := (\varepsilon^- + e)\cdot R$ der $\mathbb{Q}$-Algebra $\mathcal{O}\otimes_{\mathbb{Z}}\mathbb{Q}$ ist $R\cdot s(H) =$

$\mathcal{O}\cdot s(H)$. Es gilt die Indexformel

$$(\mathcal{O}:\mathcal{O}s(H)) = |\det(s(H))| = \prod_{\chi} |\chi(H)| \quad ,$$

wobei χ alle Charaktere mit $\chi(\rho) = -1$ und den Einscharakter durchläuft. Die im Beweis von Lemma 2.2 berechneten χ-Werte liefern

$$(\mathcal{O}:\mathcal{O}\cdot s(H) = \pm g(\prod_{\substack{\lambda=1 \\ \lambda\equiv 1(2)}}^{2s} 2(|G_1|/(1-\zeta_{2s}^{\lambda})-1))2^{g-s}$$

$$= \pm g\cdot 2^{g-1}((1-|G_1|)^s+1) \quad ,$$

wie man leicht nachprüft. Es bleiben noch die restlichen Indizes in dem folgenden Diagramm zu berechnen:

$$\begin{array}{ccc} U(A_o) & \hookrightarrow & \varepsilon^{-}\cdot R+e\cdot R \\ \uparrow & & \uparrow \\ \mathcal{O}\cdot s(H) & \hookrightarrow & \mathcal{O} \end{array}$$

Die Indexformel des Satzes folgt offenbar aus

Lemma 3.2:

$$(\varepsilon^{-}\cdot R+e\cdot R:U(A_o)) = |G|\cdot 2^{g-1} \quad ,$$

$$(\varepsilon^{-}\cdot R+e\cdot R:\mathcal{O}) = 2 \quad .$$

Zum Beweis des Lemmas berechnen wir jeweils die Determinante der Matrix, welche eine $\mathbb{Z}$-Basis des Teilmoduls in einer $\mathbb{Z}$-Basis des Obermoduls darstellt. Als Basen wählen wir

$$\{\sigma\varepsilon^{-} \; ; \; \sigma\in H\} \cup \{e\} \quad \text{für } \varepsilon^{-}\cdot R+e\cdot R \quad ,$$

$$\{2\sigma\varepsilon^{-} \; ; \; \sigma\in H\} \cup \{s(H)\} \quad \text{für } U(A_o) \quad ,$$

$$\{\sigma(\varepsilon^{-}+e) \; ; \; \sigma\in H\} \cup \{2\cdot e\} \text{ für } \mathcal{O} \quad .$$

Wegen $s(H) = \sum_{\sigma\in H} \sigma\cdot\varepsilon^{-}+g\cdot e$ lautet die Matrixdarstellung für $U(A_o)$ in $\varepsilon^{-}\cdot R+e\cdot R$

$$\begin{pmatrix} 2 & 0 & \cdots & & & 0 \\ 0 & 2 & & & & \vdots \\ \vdots & & 2 & & & \vdots \\ \vdots & & & 2 & & \vdots \\ \vdots & & & & \ddots & \vdots \\ 0 & \cdots & & 0 & 2 & 0 \\ 1 & \cdots & & & 1 & g \end{pmatrix}$$

was die erste Indexformel impliziert. Analog folgt die zweite Formel, womit schliesslich Lemma und Satz gezeigt sind.

Korollar 3.3: Ist G zyklisch, so existiert ein Halbsystem H mit $U(A_o) = R\cdot s(H)$.

Zum Beweis hat man nur ein Halbsystem H wie in Lemma 2.2 zur trivialen Zerlegung $G = Z$ mit $G_1 = \{\iota\}$ zu wählen und Satz 3.1 anzuwenden. Diese Methode führt für nichtzyklisches G i. allg. nicht zu dem Ziel $U(A_o) = R\cdot s(H)$.

Anmerkung 3.4: Es gibt Gruppen G derart, dass für eine passende Primzahl $\ell > 2$ für jede Darstellung $G = Z \times G_1$ in Satz 3.1 gilt

$$(U(A_o):R\cdot s(H)) \equiv 0(\ell)$$

wie z. B. $G = \mathbb{Z}/6\mathbb{Z} \times \mathbb{Z}/3\mathbb{Z}$ mit $\ell = 7$.

IV. GEOMETRISCHE ANNULLATOR-KRITERIEN

1. Die Automorphieregel

Ein Grössencharakter ψ vom Typ A_o eines Zahlkörpers k erzeugt im allgemeinen einen Wertekörper $k(\tilde{\psi})$ echt grösser als k . Manchmal ist $\tilde{\psi}$ aber schon k-wertig, also insbesondere $u(\psi)$ ein Annullator der Klassengruppe, und die k-Wertigkeit von $\tilde{\psi}$ folgt aus der Gültigkeit der Automorphieregel (vgl. I. Kor. 4.5) für $\sigma \in \mathrm{Aut}(\overline{\mathbb{Q}})$:

$$\tilde{\psi}(\mathfrak{a})^{\sigma} = \tilde{\psi}(\mathfrak{a}^{\sigma}) \quad . \qquad (AR)_{\sigma}$$

Dies ist erst dann eine sinnvolle Forderung, wenn k als Galoissch oder zumindest $\sigma|_k \in \mathrm{Aut}(k)$ vorausgesetzt ist. Wir wollen nun die Automorphieregel $(AR)_{\sigma}$ für den Grössencharakter ψ einer CM-Varietät geometrisch beschreiben. Nach II. Satz 2.2 hat ψ dann einen Unendlichtyp der Form $u(\psi) = -\sum_{\tau} \tau$, wobei τ alle Einbettungen $k \longrightarrow \mathbb{C}$ durchläuft mit $\tau|_{K_o} \in H_o$ für einen primitiven CM-Typ (K_o,H_o) mit $k \supseteq K_o$.

Proposition 1.1: Sei $\sigma \in \mathrm{Aut}(\overline{\mathbb{Q}})$ mit $\sigma|_k \in \mathrm{Aut}(k)$. Eine notwendige Bedingung dafür, dass ψ die Automorphieregel $(AR)_{\sigma}$ erfüllt, ist $\sigma^{-1}\cdot u(\psi)\sigma = u(\psi)$ in $u(\mathfrak{J}_o(k))$.

Beweis. Dies folgt unmittelbar aus $(AR)_{\sigma}$, aufgefasst als Divisorgleichung, und der Primzerlegung der $\tilde{\psi}$-Werte $\tilde{\psi}(\mathfrak{a}) \simeq \mathfrak{a}^{u(\psi)}$.

Sei (A,Θ) die Basisvarietät zu ψ im Sinne von II.3, also vom CM-Typ $(K,H) = \mathrm{ind}_{K'_o(\tilde{\psi})}(K'_o,H'_o)$.

Proposition 1.2: Unter den Voraussetzungen von Prop. 1.1 ist für die Gültigkeit von $(AR)_\sigma$ notwendig $\sigma(K_o') = K_o'$ und $\sigma(K) = K$.

Beweis. Nach II. Prop. 1.10 ist

$$K_o' = \mathbb{Q}\Big(\sum_{\tau\in H_o} \tau(\xi)\ ;\ \xi \in K_o\Big) \quad ,$$

also wegen der Surjektivität der Spur S_{k/K_o}

$$K_o' = \mathbb{Q}\Big(\sum_{\substack{\tau:k\to\mathbb{C}\\ \tau|_{K_o}\in H_o}} \tau(\eta)\ ;\ \eta \in k\Big) \quad .$$

Wegen $\sigma(k) = k$ folgt aus der notwendigen Bedingung in Prop. 1.1, dass σ die Erzeugenden von K_o' permutiert, also $\sigma(K_o') = K_o'$. Ferner besagt $(AR)_\sigma$, dass σ die $\tilde{\psi}$-Werte permutiert, also für $K = K_o'(\tilde{\psi})$ schliesslich $\sigma(K) = K$ ist.

Sei nun $\sigma \in \mathrm{Aut}(\overline{\mathbb{Q}})$ gegeben mit $\sigma(k) = k$ und $\sigma(K) = K$. Die Basisvarietät (A,Θ) zu ψ liefert dann durch Konjugation mit σ die CM-Varietät $(A^\sigma,\Theta_{(\sigma)})$ über k mit

$$\Theta_{(\sigma)} : K \longrightarrow \mathrm{End}(A^\sigma) \otimes \mathbb{Q} \quad , \quad \alpha \longmapsto \Theta(\alpha^{\sigma^{-1}})^\sigma \quad .$$

Proposition 1.3: Die konjugierte CM-Varietät $(A^\sigma,\Theta_{(\sigma)})$ hat den CM-Typ $(K,\sigma H\sigma^{-1})$ und den Grössencharakter $\psi_{(\sigma)}$ mit

$$\tilde{\psi}_{(\sigma)}(\alpha) = \tilde{\psi}(\alpha^{\sigma^{-1}})^\sigma \quad .$$

Beweis. [S4], S. 511, Prop. 1.

Satz 1.4: Sei $\sigma \in \mathrm{Aut}(\overline{\mathbb{Q}})$ mit $\sigma(k) = k$ und (A,Θ) über k vom CM-Typ (K,H) die Basisvarietät des Grössencharakters ψ von k. Die Automorphieregel

$$\tilde{\psi}(\alpha)^\sigma = \tilde{\psi}(\alpha^\sigma) \qquad (AR)_\sigma$$

gilt genau dann, wenn $\sigma(K) = K$ und (A,Θ) k-isogen zur konjugierten Varietät $(A^\sigma,\Theta_{(\sigma)})$ ist.

Beweis. Die Automorphieregel liefert nach Prop. 1.2 sofort $\sigma(K) = K$ und mit Prop. 1.3 die Gleichheit der Grössencharaktere zu (A,Θ) und $(A^\sigma,\Theta_{(\sigma)})$. Falls noch $\sigma H\sigma^{-1}$ gezeigt ist, folgt die k-Isogenie nach Eigenschaft d) des Grössencharakters einer CM-Varietät (vgl. II.2). Sei dazu $N/\mathbb{Q}$ normal mit k, K_o, $K \subseteq N$ und

$$S := \{\sigma \in \mathrm{Aut}(N)\ ;\ \sigma|_{K_o} \in H_o\} \quad .$$

Dann gilt nach Prop. 1.1 : $\sigma^{-1}.S\sigma = S$. Ferner ist nach II.1 $H = S^{-1}|_K$, also $\sigma H\sigma^{-1} = H$ auf K. Ist umgekehrt $\sigma(K) = K$ und $(A,\Theta) \underset{k}{\sim} (A^\sigma,\Theta_{(\sigma)})$, so folgt nach Prop. 1.3 $\tilde{\psi}(\alpha^{\sigma^{-1}})^\sigma = \tilde{\psi}(\alpha)$ und damit die Automorphieregel nach der Substitution

$\alpha \longmapsto \alpha^{\sigma}$.

Korollar 1.5: Ist die Basisvarietät (A,Θ) von ψ einfach und A über $\mathbb{Q}$ definiert, so gilt die Automorphieregel für alle $\sigma \in \mathrm{Aut}(\overline{\mathbb{Q}})$ mit $\sigma(k) = k$ und $\sigma H \sigma^{-1} = H$, also insbesondere für k normal und K Abelsch.

Beweis. Für $\mathbb{Q}$-rationales A ist stets $A^{\sigma} = A$. Wegen der Einfachheit von A ist jeder Endomorphismus von A über k definiert, denn

$$\Theta(K) = \mathrm{End}(A) \otimes \mathbb{Q} = \Theta_{(\sigma)}(K) \quad .$$

Da CM-Typ von (A,Θ) und $(A,\Theta_{(\sigma)})$ nach Voraussetzung übereinstimmen, existiert eine $\mathbb{C}$-Isogenie $(A,\Theta) \sim (A,\Theta_{(\sigma)})$, die aber nach dem Vorangegangenen bereits über k definiert ist. Mit Satz 1.4 folgt dann die Behauptung des Korollars.

Korollar 1.6: Ist A einfache Abelsche Varietät über $\mathbb{Q}$ und hat A komplexe Multiplikation mit einem Abelschen Zahlkörper K, so ist der zugehörige Grössencharakter $\tilde{\psi}$ von K K-wertig und erfüllt die Automorphieregel für alle $\sigma \in \mathrm{Aut}(\overline{\mathbb{Q}})$.

Beweis. Dies folgt sofort aus Kor. 1.5, da für einfache A der CM-Typ notwendig primitiv ist und damit auch alle Endomorphismen über dem Definitionskörper K von A definiert sind (Prop. 30 in [S-T], 8.5).

Anmerkung 1.7: Mit Kor. 1.6 lässt sich analog zu Kor. 2.4 in VI. sofort die Annullatoreigenschaft der (primitiven) Halbsysteme $s(H_{x,y})$ zu Jacobi-Summen für $(m,6) = 1$ zeigen.

2. Eine Variante zum Satz von Shimura-Casselman

Wir wollen zunächst den Satz von Shimura-Casselman (II. Satz 2.2) als ein algebraisch-geometrisches Annullatorkriterium für die speziellen, darin auftretenden Grössencharaktere interpretieren, um dann später dieses Kriterium auf beliebige Grössencharaktere vom Typ A_0 auszudehnen. Sei (K_0,H_0) ein primitiver CM-Typ und k eine endliche Erweiterung von K_0 . Für einen Zahlkörper K sei wie in I.2

$$u(\mathfrak{J}_0(k)^K) = \{\underline{a} = u(\psi) \; ; \; K(\tilde{\psi}) = K\}$$

die Menge der Klassengruppenannullatoren von k bzgl. K, welche von K-wertigen Grössencharakteren herkommen. Sei ferner (K_0',H_0') das Dual von (K_0,H_0) .

Proposition 2.1: Sei $\underline{a} = \sum_{\tau} \tau \in u(\mathfrak{J}_0(k))$, wobei τ alle Isomorphismen $\tau : k \longrightarrow \mathbb{C}$ mit $\tau|_{K_0} \in H_0$ durchläuft. Für $K \supseteq K_0'$ ist $\underline{a} \in u(\mathfrak{J}_0(k)^K)$ genau dann, wenn eine CM-Varietät (A,Θ) vom Typ $\mathrm{ind}_K(K_0',H_0')$ existiert, die über k definiert ist.

Beweis. Nach II. Satz 2.2 hat der Grössencharakter ψ einer über k definierten

CM-Varietät vom Typ (K,H) einen Unendlichtyp $u(\psi) = -\sum_\tau \tau$, wobei τ die Isomorphismen $\tau : k \longrightarrow \mathbb{C}$ durchläuft mit $\tau|_{K'} \in H'$ für das Dual (K',H') von (K,H). Und ferner ist jedes ψ mit $u(\psi) = -\sum_\tau \tau$ der Grössencharakter einer CM-Varietät über k vom Typ(K,H) genau dann, wenn $K(\psi) = K$. Da mit $\underline{a}$ auch $-\underline{a}$ in $u(\mathcal{G}_o(k)^K)$ liegt und ψ mit $u(\psi) = -\sum_\tau \tau$ stets $|\psi(x)|^2 = N(x)$ für $x \in I_o$ erfüllt, folgt die Behauptung wegen $K(\widetilde{\psi}) = K(\psi)$ nach II. 3.2.

Die Elemente $\underline{a} \in u(\mathcal{G}_o(k)^k)$ nennen wir auch Hecke-Annullatoren von k.

Korollar 2.2: Sei K_o normal über $\mathbb{Q}$. Genau dann ist $\sum_{\tau \in H_o} \tau$ ein Hecke-Annullator von K_o, wenn eine über K_o definierte CM-Varietät vom Typ (K_o, H_o^{-1}) existiert mit

$$H_o^{-1} = \{\sigma \in G(K_o/\mathbb{Q}) \; ; \; \sigma^{-1} \in H_o\} \quad .$$

Beweis. In Prop. 2.1 setze man $k = K_o = K$. Das Korollar folgt aus $\mathrm{ind}_{K_o}(K_o', H_o') = (K_o, H_o^{-1})$, wie man leicht nachprüft.

Sei im folgenden $K/\mathbb{Q}$ normaler CM-Körper mit Galoisgruppe G und (K,H) ein CM-Typ. Für $\delta \in \mathbb{Z}[G]$ bezeichne $k := k(\delta)$ die unverzweigte Abelsche Erweiterung von K zur Klassengruppe $\mathbb{D}_K^\delta \mathbb{H}/\mathbb{H}$. Wir können nun das verallgemeinerte Annullatorkriterium formulieren.

Satz 2.3: Genau dann ist $\underline{a} = s(H)\cdot\delta$ ein Hecke-Annullator von K, d. h. $\underline{a} \in u(\mathcal{G}_o(K)^K)$, wenn eine CM-Varietät (A,Θ) vom CM-Typ (K,H^{-1}) existiert, die über $k(\delta)$ definiert ist und deren Torsionspunkte alle über K_{ab} definiert sind.

Beweis. Sei $s(H)\cdot\delta \in u(\mathcal{G}_o(K))$ beliebig vorgegeben. Wir nutzen nun das Schlüssellemma I. 2.1 aus für K = F. Zu

$$\mathcal{H}_K := \{ \mathfrak{a} \in \mathbb{D}_K \; ; \; \exists \alpha \in K^\times : \mathfrak{a}^{s(H)} = (\alpha) \; , \quad |\alpha|^2 = N\mathfrak{a}\}$$

existiert dann ein Test-Charakter $\varphi \in \mathcal{G}_o(K)$ mit $u(\varphi) = -s(H)$, d. h. auf dem Definitionsbereich von $\widetilde{\varphi}$ ist genau dann $\widetilde{\varphi}(\mathfrak{a}) \in K^\times$, wenn $\mathfrak{a}$ in $\mathcal{H}_K$ liegt. Wir zeigen zunächst

Lemma 2.4: Genau dann ist $\underline{a} = s(H)\cdot\delta$ Hecke-Annullator, wenn $\widetilde{\varphi}(\mathfrak{a}^\delta) \in K^\times$ für alle $\mathfrak{a}$ relativ prim zu einem (o.B.d.A. rationalen) Erklärungsmodul m.

Beweis des Lemmas. Ist $\underline{a} = u(\psi)$ mit $K(\widetilde{\psi}) = K$, so ist insbesondere jedes $\mathfrak{a}^\delta$ mit $(\mathfrak{a}, \mathfrak{f}_\psi) = 1$ in $\mathcal{H}_K$ wegen

$$(\mathfrak{a}^\delta)^{s(H)} = (\widetilde{\psi}(\mathfrak{a})) \; , \quad |\widetilde{\psi}(\mathfrak{a})|^2 = N(\mathfrak{a}^\delta) \quad ,$$

also gilt $\widetilde{\varphi}(\mathfrak{a}^\delta) \in K^\times$, wenn nur $(\mathfrak{a}, \mathfrak{f}_\psi \cdot m) = 1$ ist. Die Umkehrung ist trivial und somit ist das Lemma gezeigt.

Wegen $\mathbb{H} \subseteq \mathcal{H}_K$ ist $\tilde{\varphi}$ insbesondere auf $\mathbb{H}^{(m)} := \mathbb{H} \cap \mathbb{D}^{(m)}$ K-wertig. Somit ist die K-Wertigkeit von $\tilde{\varphi}$ auf

$$\mathbb{D}^{(m)^\delta} \cdot \mathbb{H}^{(m)} = N_{k(\delta)/K}(\mathbb{D}_k^{(m)}) \cdot \mathbb{H}^{(m)}$$

äquivalent zur K-Wertigkeit des Grössencharakters $\varphi \circ N_{k/K}$ von $k = k(\delta)$. Nun wenden wir II. Satz 2.2 an mit $(K_o, H_o) := (K'', H'')$, dem Bidual von (K,H). Dazu bemerken wir zunächst, dass $u(\varphi \circ N_{k/K}) \in u(\mathcal{G}_o(k))$ von der Form $-\sum_\tau \tau$ ist, wobei τ die Isomorphismen $\tau : k \longrightarrow \mathbb{C}$ mit $\tau|_K \in H$ durchläuft. Da letzteres äquivalent zu $\tau|_{K_o} \in H_o$ ist, ist die K-Wertigkeit von $\tilde{\varphi} \circ N_{k/K}$ äquivalent zur Existenz einer CM-Varietät (A, Θ) über $k(\delta)$ vom Typ $\mathrm{ind}_K(K_o', H_o') = (K, H^{-1})$ und dem zugehörigen Grössencharakter $\varphi \circ N_{k/K}$. Diese Gestalt des Grössencharakters besagt gerade, dass alle Punkte endlicher Ordnung auf A über K_{ab} definiert sind ([S3], Theor. 7.44 oder IV.4, wo ein allgemeinerer Sachverhalt bewiesen wird). Somit folgt für jeden Hecke-Annullator $\underline{a} = s(H) \cdot \delta$ von K die Existenz einer CM-Varietät wie im Satz. Umgekehrt hat jede solche CM-Varietät einen K-wertigen Grössencharakter der Form $\tilde{\varphi}' \circ N_{k/K}$ mit $\varphi' \in \mathcal{G}_o(K)$, $u(\varphi') = -s(H)$. Ist m' rationaler Erklärungsmodul von φ', so folgt für $\mathfrak{b} \in \mathbb{D}_k^{(m')}$, dass $N_{k/K}(\mathfrak{b}) \in \mathcal{H}_K$, also für $\mathfrak{b} \in \mathbb{D}_k^{(m \cdot m')}$: $\tilde{\varphi}(N_{k/K}(\mathfrak{b})) \in K^\times$, und damit wieder

$$\tilde{\varphi}(\mathfrak{a}^\delta) \in K^\times \qquad \text{für } \mathfrak{a} \in \mathbb{D}_K^{(m \cdot m')} \quad ,$$

d. h. $s(H) \cdot \delta \in u(\mathcal{G}_o(K)^K)$, womit der Satz bewiesen wäre.

Selbst der Fall $\delta = 1$ in Satz 2.3 ist noch allgemeiner als Kor. 2.2, wo nur primitive Halbsysteme betrachtet werden.

<u>Korollar 2.5</u>: <u>Ein Halbsystem</u> $s(H)$ <u>von</u> K <u>ist genau dann Hecke-Annullator von</u> K, <u>wenn eine über</u> K <u>definierte</u> CM-<u>Varietät</u> (A, Θ) <u>vom</u> CM-<u>Typ</u> (K, H^{-1}) <u>existiert, deren Torsionspunkte sämtlich</u> K_{ab}-<u>rational sind</u>.

<u>Beweis</u>. Klar mit $k(1) = K$.

<u>Anmerkung 2.6</u>: <u>Ist</u> $K/\mathbb{Q}$ <u>zyklisch, so existiert nach</u> III. 3.3 <u>ein</u> H <u>mit</u> $u(\mathcal{G}_o(K)) = \mathbb{Z}[G] \cdot s(H)$, <u>sodass Satz</u> 2.3 <u>eine geometrische Charakterisierung aller Hecke-Annullatoren in</u> $u(\mathcal{G}_o(K))$ <u>liefert</u>.

<u>Anmerkung 2.7</u>: <u>Die</u> CM-<u>Varietäten im Satz</u> 2.3 <u>sind bei weitem nicht eindeutig bestimmt durch</u> δ <u>und</u> H. <u>Sie variieren noch genau innerhalb der</u> $k(\delta)$-<u>Isogenieklassen zu den Twists mit allen endlichen</u> K-<u>wertigen Idelklassencharakteren</u> $\chi : I_{k(\delta)} \longrightarrow K^\times$.

Wir wollen nun eine Ausdehnung von Satz 2.3 zu einer allgemeinen Charakterisierung der Hecke-Annullatoren in $u(\mathcal{G}_o(K))$ herausarbeiten. Durch mehrfache Addition des trivialen Hecke-Annullators $s(G)$ erreichen wir, dass ein zum Annullatortest anstehendes Element $\underline{a} \in u(\mathcal{G}_o(K))$ o.B.d.A. von der Form

$$\underline{a} = \sum_{i=1}^{t} s(H_i) \qquad \text{mit Halbsystemen } H_i$$

ist nach II. Kor. 1.2. Zunächst wollen wir noch annehmen, dass in $u(\mathfrak{J}_o(K))$ mindestens ein Halbsystem $s(H_o)$ vorkommt, das selbst bereits Hecke-Annullator ist. Dass dies oft zutrifft, zeigt

Proposition 2.8: Enthält K eine Einheitswurzel $\zeta \neq \pm 1$, so existiert ein $\varphi \in \mathfrak{J}_o(K)^K$ mit $u(\varphi) = s(H_o)$ für ein Halbsystem H_o von K. Dies gilt insbesondere für Kreiskörper.

Beweis. Sei $\zeta_\ell \in K$ eine primitive ℓ-te Einheitswurzel für eine Primzahl $\ell \neq 2$. Dann definiert der Unendlichtyp der Jacobi-Summe

$$\omega_{1,1}(\mathfrak{p}) := \tau_{1,\ell}(\mathfrak{p})^2/\tau_{2,\ell}(\mathfrak{p})$$

für $\mathfrak{p}\nmid\ell$ in $\mathbb{Q}(\zeta_\ell)$ einen Hecke-Annullator von $\mathbb{Q}(\zeta_\ell)$ nach I. 4.1 mit

$$u(\omega_{1,1}) = - \sum_{t=1}^{(\ell-1)/2} \sigma_t^{-1} ,$$

sodass $u(\omega_{1,1}^{-1})$ insbesondere ein Halbsystemtyp ist, also auch $\psi := \omega_{1,1}^{-1} \circ N_{K/\mathbb{Q}(\zeta_\ell)}$ ein Hecke-Annullator von K mit $u(\psi) =: s(H_o)$, einem Halbsystem von K.

Man kann allerdings nicht für jeden normalen CM-Körper K die Existenz eines Hecke-Annullators $s(H_o)$ vom Halbsystemtyp erwarten, da z. B. ein imaginär-quadratischer Zahlkörper mit nichttrivialer Klassengruppe sicher keinen solchen Hecke-Annullator besitzt.

Sei $s(H_o)$ ein Hecke-Annullator mit $\iota = id_K \in H_o$, und sei $H_{(\rho)}$ das benachbarte Halbsystem

$$H_{(\rho)} := H_o \setminus \{\iota\} \,\dot\cup\, \{\rho\} ,$$

sodass gilt $\iota - \rho = s(H_o) - s(H_{(\rho)})$. Nach I. Satz 1.6 c) hat jedes $\underline{a} \in u(\mathfrak{J}_o(K))$ die Gestalt $\underline{a} = (1-\rho)\delta + d \cdot s(H_o)$ mit $\delta \in \mathbb{Z}[G]$, $d \in \mathbb{Z}$, sodass $\underline{a}$ Hecke-Annullator genau dann ist, wenn $\delta \cdot s(H_{(\rho)})$ Hecke-Annullator ist, was unmittelbar auf das Kriterium in Satz 2.3 zurückführt. Die folgende etwas andere Methode zur Annullatorcharakterisierung geht bei gegebenem Hecke-Annullator $s(H_o)$ davon aus, dass

$$\underline{a} = \sum_{i=1}^{t} s(H_i)$$

genau dann Hecke-Annullator ist, wenn

$$\underline{a}^{(r)} := \underline{a} + (r-t) \cdot s(H_o)$$

ein solcher ist für ein beliebiges $r \in \mathbb{Z}$. Wir fixieren nun ein r prim zur Klassenzahl h_K von K und einen normalen, total-reellen Zahlkörper L vom Grad r

über $\mathbb{Q}$ mit $K \cap L = \mathbb{Q}$ derart, dass die Gruppe der Einheitswurzeln μ_F des Kompositums $F := K \cdot L$ gleich der Gruppe der Einheitswurzeln μ_K von K ist.
Diese Situation lässt sich sicher vielfach realisieren, etwa durch reelle Abelsche L mit Verzweigungsvorgaben. Dann induziert die natürliche Einbettung der Divisorengruppen $\mathbb{D}_K \longrightarrow \mathbb{D}_F$ eine Einbettung der Klassengruppen $\mathcal{L}_K \longrightarrow \mathcal{L}_F$ wegen $(r,h_K)=1$. Die Charakterisierung der Hecke-Annullatoren unter den $\underline{a}_t^{(r)}$ für $r \geq t$ und allgemeiner unter den Elementen der Form $\sum_{i=1} s(H_i)$ mit Halbsystemen H_i wird nun innerhalb des CM-Körpers F durchgeführt. Dazu betrachten wir den Isomorphismus

$$\hat{\ } : G \longrightarrow \mathrm{Gal}(F/L), \ \sigma \to \hat{\sigma} \quad ,$$

wobei $\hat{\sigma}|_K = \sigma$ ist.

Proposition 2.9: Seien $H_1,\dots,H_r$ Halbsysteme in G. Dann ist

$$H := \bigcup_{i=1}^{r} \tau_i \cdot \hat{H}_i$$

ein Halbsystem von F, wobei die τ_i alle Automorphismen aus $\mathrm{Gal}(F/K)$ durchlaufen. Insbesondere ist (F,H) ein CM-Typ.

Beweis. Aus Anzahlgründen genügt es, $\rho H \cup H = \mathrm{Gal}(F/\mathbb{Q})$ einzusehen. Da F CM-Körper und $\rho \in \mathrm{Gal}(F/L)$ ist, gilt

$$\rho\tau_i\hat{H}_i \cup \tau_i\hat{H}_i = \tau_i(\rho\hat{H}_i \cup \hat{H}_i) = \tau_i \ \mathrm{Gal}(F/L)$$

und somit die Behauptung, da jedes $\gamma \in \mathrm{Gal}(F/\mathbb{Q})$ eine Darstellung $\gamma = \tau_i\hat{\sigma}$ mit $\sigma \in G$ besitzt.

Offensichtlich ist $\underline{a} = \sum_{i=1}^{r} s(H_i)$ genau dann Annullator von $\mathcal{L}_K$, wenn $s(H)$ eingeschränkt auf $\mathcal{L}_K$ Annullator ist.

Satz 2.10: Genau dann ist $\underline{a} = \sum_{i=1}^{r} s(H_i)$ Hecke-Annullator von K, wenn eine CM-Varietät (A,Θ) vom CM-Typ (F,H^{-1}) existiert, welche über der (unverzweigten) Abelschen Erweiterung k/F zur Klassengruppe $\mathbb{D}_K \cdot \mathbb{H}_F/\mathbb{H}_F$ definiert ist und deren Torsionspunkte alle über F_{ab} definiert sind.

Beweis. Wir gehen analog zum Beweis von Satz 2.3 vor. Sei also

$$\mathcal{H}_F := \{\mathfrak{a} \in \mathbb{D}_F \ ; \ \exists \alpha \in F^\times : \mathfrak{a}^{s(H)} = (\alpha) \ , \ |\alpha|^2 = N\mathfrak{a}\}$$

und $\psi \in \mathcal{G}_0(F)$ ein Test-Charakter mit $u(\psi) = -s(H)$, d. h. für $(\mathfrak{a},\mathfrak{f}_\psi) = 1$ liegt genau dann $\tilde{\psi}(\mathfrak{a})$ in F, wenn $\mathfrak{a} \in \mathcal{H}_F$ ist. Sicher ist $\mathbb{H}_F \subseteq \mathcal{H}_F$.

Lemma 2.11: Sei $\mathfrak{m}$ rationaler Erklärungsmodul von ψ. Dann sind folgende Aussagen äquivalent:

a) $\underline{a}$ ist Hecke-Annullator von K.

b) $\tilde{\psi}(\mathbb{D}_K^{(m)}) \subseteq K^\times$,

c) $\tilde{\psi}(\mathbb{D}_K^{(m)}) \subseteq F^\times$,

d) $\tilde{\psi}\circ N_{k/F}(\mathbb{D}_k^{(m)}) \subseteq F^\times$.

Beweis. Klar sind die Implikationen a) $\Leftarrow$ b) $\Rightarrow$ c) $\Leftrightarrow$ d) . Sei nun $\underline{a}$ Hecke-Annullator von K , d. h. $\underline{a} = u(\varphi)$ mit $\tilde{\varphi}(\mathbb{D}_K^{(\mathfrak{f}\varphi)}) \subseteq K^\times$. Insbesondere ist dann $\mathbb{D}_K^{(\mathfrak{f}\varphi)} \subseteq \mathfrak{X}_F$, also $\tilde{\psi}(\mathbb{D}_K^{(m\cdot\mathfrak{f}\varphi)}) \subseteq F^\times$. Wegen $\tilde{\psi}(\mathbb{H}_F^{(m)}) \subseteq F^\times$ folgt c). Bleibt noch c) $\Rightarrow$ b) zu zeigen. Aus c) folgt zunächst, dass $\underline{a}$ die Klassengruppe $\mathcal{L}_K$ annulliert (beachte $\mathcal{L}_K \lesssim \mathcal{L}_F$) . Mit Iwasawas Satz I. 3.1 ist dann $2\cdot\underline{a} \in u(\mathfrak{J}_o(K)^K)$, also Hecke-Annullator. Nach Konstruktion des Test-Charakters ψ (vgl. I. 2.1) folgt für $\mathfrak{a} \in \mathbb{D}_K^{(m)}$ mit $\mathfrak{a}^{2\cdot s(H)} = \mathfrak{a}^{2\cdot\underline{a}} = (\alpha)$ und $|\alpha|^2 = N\mathfrak{a}^2$ für ein $\alpha \in K^\times$, dass

$$\tilde{\psi}(\mathfrak{a}^2) = \zeta\cdot\alpha \qquad \text{mit } \zeta \in \mu_F \quad .$$

Nach Voraussetzung ist $\mu_F = \mu_K$, sodass für alle $\mathfrak{a} \in \mathbb{D}_K^{(m)}$ gilt $\tilde{\psi}(\mathfrak{a})^2 \in K^\times$. Wegen $\tilde{\psi}(\mathfrak{a}) \in F^\times$ folgt für ungerades $r = (F:K)$ bereits $\tilde{\psi}(\mathfrak{a}) \in K$, also b). Für gerades r ist wegen $(r,h_K) = 1$ stets h_K ungerade. Da ferner $\tilde{\psi}$ auf $\mathbb{H}_K^{(m)} = \mathbb{H}_K \cap \mathbb{D}_K^{(m)}$ wieder nach Konstruktion des Test-Charakters sicher K-wertig ist, folgt $\tilde{\psi}(\mathbb{D}_K^{(m)}) \subseteq K^\times$, denn jedes $\mathfrak{a} \in \mathbb{D}_K^{(m)}$ lässt sich wegen $h_K \equiv 1(2)$ in der Form $\mathfrak{a} = \mathfrak{b}^2\cdot(\gamma)$ darstellen mit $\mathfrak{b} \in \mathbb{D}_K^{(m)}$ und $\gamma \in K^\times$, sodass in diesem Fall b) aus c) folgt.

Nun können wir den Beweis von Satz 2.10 zu Ende führen. Ist $\underline{a}$ Hecke-Annullator, so ist mit Lemma 2.11 $\psi\circ N_{k/F}$ ein Grössencharakter von k , der die Voraussetzungen im Satz II. 2.2 erfüllt, nämlich $\psi\circ N_{k/F}(I_o) \subseteq F^\times$ und

$$u(\psi\circ N_{k/F}) = -\sum_{\substack{\tau:k\to\mathbb{C}\\ \tau|_F\in H}} \tau = -\sum_{\substack{\tau:k\to\mathbb{C}\\ \tau|_{F''}\in H''}} \tau \quad ,$$

sodass also eindeutig bis auf k-Isogenie eine CM-Varietät (A,Θ) über k existiert vom CM-Typ

$$\mathrm{ind}_F(F''',H''') = \mathrm{ind}_F(F',H') = (F,H^{-1}) \quad ,$$

deren Grössencharakter $\psi\circ N_{k/F}$ ist. Die spezielle Form des Grössencharakters ist gleichbedeutend mit der F_{ab}-Rationalität aller Torsionspunkte auf A ([S3], Theor. 7.44 oder IV.4).

Ist umgekehrt (A,Θ) eine CM-Varietät wie im Satz beschrieben, so ist nach dem soeben Bemerkten der zugehörige Grössencharakter von der Form $\chi\circ N_{k/F}$ mit einem Grössencharakter χ von F mit $u(\chi) = -s(H)$ und $\tilde{\chi}\circ N_{k/F}(\mathbb{D}_k^{(m)}) \subseteq F^\times$ für geeignetes $m' \in \mathbb{N}$. Es folgt $N_{k/F}(\mathbb{D}_k^{(m')}) \subseteq \mathfrak{X}_F$, also $\tilde{\psi}\circ N_{k/F}(\mathbb{D}_k^{(m\cdot m')}) \subseteq F^\times$ und somit, dass $\underline{a}$ Hecke-Annullator ist nach Lemma 2.11.

Zum Ende dieses Abschnitts soll noch skizziert werden, wie man ohne die Existenz eines annullierenden Halbsystems H_o von K noch eine Annullatorbeschreibung nach dem Schema von Satz 2.10 aufstellen kann. Dabei muss allerdings in Kauf genommen werden, dass über die 2-Klassengruppe die Kontrolle verloren geht. Dazu ändern wir das zum Annullator-Test anstehende Element $\underline{a} = \sum_{i=1}^{t} s(H_i)$ für jedes $r \geq t$ mit $r \equiv t(2)$ ab zu

$$\underline{a}^{(r)} := \underline{a} + \frac{r-t}{2}\cdot s(G) \quad .$$

Mit $\underline{a}$ ist dann auch jedes $\underline{a}^{(r)}$ Hecke-Annullator und umgekehrt. Allerdings sind wir für r auf die Parität von t festgelegt, sodass im Falle $t \equiv h_K \equiv 0(2)$ nur $(r,h_K) = 2$ erreichbar ist. Ist dagegen t oder h_K ungerade, so kann r mit $(r,h_K) = 1$ wie früher gewählt werden, und wir können Satz 2.10 wortwörtlich übernehmen für ein Halbsystem H , das wir gemäss Prop. 2.9 aus den r Halbsystemsummanden von $\underline{a}^{(r)}$ bilden wollen. Wir nennen $\underline{a} \in u(\mathfrak{J}_o(K))$ einen <u>2-Hecke-Annullator</u>, wenn für eine geeignete 2-Potenz 2^n das Vielfache $2^n\cdot\underline{a}$ Hecke-Annullator ist. Sei $\nu := \mathrm{ord}_2(h_K)$ gesetzt. Analog zum Beweis von Satz 2.10 folgt :

<u>Satz 2.12: Genau dann ist</u> $\underline{a}^{(r)}$ <u>ein 2-Hecke-Annullator von</u> K , <u>wenn eine CM-Varietät</u> (A,Θ) <u>vom CM-Typ</u> (F,H^{-1}) <u>existiert, welche über der (unverzweigten) Abelschen Erweiterung</u> k/F <u>zur Klassengruppe</u> $\mathbb{D}_K^{2^\nu}\cdot\mathbb{H}_F/\mathbb{H}_F$ <u>definiert ist, und deren Torsionspunkte alle über</u> F_{ab} <u>definiert sind.</u>

3. <u>Das Zerfallskriterium</u>

Während die Annullator-Kriterien im letzten Abschnitt die Existenz von CM-Varietäten mit gewissen Rationalitätseigenschaften forderten, beschreibt das folgende Kriterium Hecke-Annullatoren durch den Zerfall einer vorgegebenen CM-Varietät. Die Hauptarbeit hierfür wurde schon in II.3 bei der Bestimmung der CM-Varietäten eines Grössencharakters getan. Sei K normaler CM-Körper und (K,H) ein CM-Typ. Ferner sei ψ ein Test-Charakter zu $\underline{a} = -s(H)$ und K , und sei (A,Θ) eine über K definierte CM-Varietät zu ψ (deren Existenz nach II. 2.2 klar ist).

<u>Satz 3.1: Genau dann ist</u> s(H) <u>ein Hecke-Annullator von</u> K , <u>wenn</u> (A,Θ) <u>K-Induzierte einer CM-Varietät eines CM-Typs</u> (L,S) <u>mit</u> $L \subseteq K$ <u>ist.</u>

<u>Beweis.</u> Nach Definition des Test-Charakters ψ ist s(H) Hecke-Annullator von K genau dann, wenn der Divisorcharakter $\tilde{\psi}$ K-wertig ist oder $K(\psi) = K$ gilt. Nach II. Satz 3.4 ist (A,Θ) K-Induzierte der Basisvarietät (A_1,Θ_1) von ψ , wobei deren CM-Typ durch

$$(K'(\psi),S) := \mathrm{ind}_{K'(\psi)}(K',H')$$

gegeben ist. Falls $K(\psi) = K$ ist, folgt insbesondere $L := K'(\psi) \subseteq K$. Ist umgekehrt

(A,Θ) K-Induzierte von (B,Ψ) vom Typ (L,S) mit $L \subseteq K$, so ist ψ nach II. Lemma 3.3 auch Grössencharakter zu (B,Ψ) , hat also insbesondere sämtliche $\tilde{\psi}$-Werte in $L \subseteq K$ liegen, sodass $s(H)$ sicher Hecke-Annullator von K ist.

Korollar 3.2: *Der CM-Körper K' des Duals (K',H') von (K,H) sei normal und (K,H) sei primitiv. Genau dann ist $s(H)$ Hecke-Annullator, wenn A K-isogen zu einem Produkt $B \times \ldots \times B$ mit einer einfachen Abelschen Varietät B ist. Dies gilt insbesondere für primitive CM-Typen zu Abelschen Erweiterungen $K/\mathbb{Q}$.*

Beweis. Aus der Voraussetzung folgt $K = K'$ (mit II. 1.12). Da $s(H)$ Hecke-Annullator genau für K-wertigen Test-Charakter ψ ist, folgt die Behauptung mit II. Satz 3.5.

4. Galoisoperation auf dem Kohomologiering

Die bisher diskutierten Annullator-Kriterien basierten auf der Tatsache, dass die Galoisoperation auf den Torsionspunkten einer CM-Varietät über K durch einen Grössencharakter von K mit einem Halbsystem als Unendlichtyp beschrieben wird, wobei dessen Wertebereich und Rationalitätseigenschaften der CM-Varietät sich wechselseitig beeinflussen. Hierbei entstehen Hecke-Annullatoren grob gesagt immer gerade dann, wenn die Darstellung eines jeden Frobeniuselements der absoluten Galoisgruppe von K auf dem Tate-Modul "über K diagonalisiert". In dieser Form hat das Annullator-Kriterium eine mehr oder weniger triviale Verallgemeinerung auf beliebige Grössencharaktere vom Typ A_0 . Die Rolle des Tate-Moduls übernehmen Teilräume des ℓ-adischen Kohomologierings eines geeigneten Produkts von CM-Varietäten. Eine geometrische Interpretation dieser Räume fehlt allerdings bisher, wenn auch einige Vermutungen bestehen (vgl. etwa [D1], Conjecture 8.1).

Sei (K,H) ein CM-Typ mit normalem CM-Körper K und (A,Θ) eine über k definierte CM-Varietät mit Grössencharakter ψ und vom CM-Typ (K,H) . Zunächst soll nun demonstriert werden, wie neben ψ auch alle Konjugiertenprodukte $\prod_\sigma \psi^\sigma$ in natürlicher Weise im Zusammenhang mit der CM-Varietät auftreten. Man hat ein Gitter $\mathfrak{a}$ in K , sodass bei einer analytischen Darstellung von A für jedes $N \in \mathbb{N}$ der Gruppe $A[N]$ der N-Teilungspunkte von A der Gitterquotient $\frac{1}{N}\mathfrak{a}/\mathfrak{a}$ entspricht. Wir betrachten für Primzahlpotenzen $N = \ell^\nu$ das kommutative Diagramm

$$\begin{array}{ccccc} A[\ell^{\nu+1}] & \xrightarrow[\sim]{} & \ell^{-(\nu+1)}\mathfrak{a}/\mathfrak{a} & \xrightarrow[\sim]{\cdot\ell^{\nu+1}} & \mathfrak{a}/\ell^{\nu+1}\mathfrak{a} \\ \downarrow{\scriptstyle \cdot\ell} & & \downarrow{\scriptstyle \cdot\ell} & & \downarrow{\scriptstyle \kappa} \\ A[\ell^{\nu}] & \xrightarrow[\sim]{} & \ell^{-\nu}\mathfrak{a}/\mathfrak{a} & \xrightarrow[\sim]{\cdot\ell^{\nu}} & \mathfrak{a}/\ell^{\nu}\mathfrak{a} \end{array}$$

wobei $\kappa\ (\alpha \bmod \ell^{\nu+1}\mathfrak{a}) := \alpha \bmod \ell^{\nu}\mathfrak{a}$ ist. Die vertikalen Abbildungen definieren zueinander isomorphe projektive Systeme mit isomorphen Limites. Hiernach identifiziert man den Tate-Modul

$$T_\ell(A) := \varprojlim A[\ell^\nu]$$

mit $\mathfrak{a} \otimes_{\mathbb{Z}} \mathbb{Z}_\ell = \varprojlim \mathfrak{a}/\ell^\nu\mathfrak{a}$ und den Vektorraum

$$V_\ell(A) := T_\ell(A) \otimes_{\mathbb{Z}_\ell} \mathbb{Q}_\ell$$

mit $K \otimes_{\mathbb{Q}} \mathbb{Q}_\ell$. Die Operation der Galoisgruppe $G(\bar{k}/k)$ auf den Torsionspunkten von A (vgl. II.2) liefert dann eine Abelsche ℓ-adische Darstellung

$$\rho_\ell : G(\bar{k}/k) \longrightarrow \mathrm{Aut}(V_\ell(A)) \quad .$$

Für ein Frobenius-Element $\sigma_{\mathfrak{p}}$ $(\mathfrak{p} \nmid \ell \cdot \mathfrak{f}_\psi)$ bewirkt der Automorphismus $\rho_\ell(\sigma_{\mathfrak{p}})$ auf $K \otimes_{\mathbb{Q}} \mathbb{Q}_\ell$ die Multiplikation mit dem Grössencharakterwert $\tilde{\psi}(\mathfrak{p}) \in K$. Nach dem Basiswechsel $\mathbb{Q}_\ell \longrightarrow \overline{\mathbb{Q}}_\ell$ diagonalisiert $\rho_\ell\ (\sigma_{\mathfrak{p}})$ in der Form

$$\rho_\ell(\sigma_{\mathfrak{p}}) \sim \begin{pmatrix} \ddots & & 0 \\ & \tilde{\psi}(\mathfrak{p})^\lambda & \\ 0 & & \ddots \end{pmatrix} \lambda \in \mathrm{Iso}(K, \overline{\mathbb{Q}}_\ell)$$

simultan für alle $\mathfrak{p} \nmid \ell \cdot \mathfrak{f}_\psi$, was man leicht mit dem Satz von Cayley-Hamilton für die reguläre Darstellung von K auf $K \otimes_{\mathbb{Q}} \overline{\mathbb{Q}}_\ell$ nachprüft.

Der ℓ-adische Kohomologiering $H_\ell^{\cdot}(A)$ von A lässt sich mit Hilfe des Dualraums $V_\ell(A)^* := \mathrm{Hom}(V_\ell(A), \mathbb{Q}_\ell)$ wie folgt beschreiben (vgl. [T],[P]) :

$$H_\ell^{\cdot}(A) \simeq \Lambda\ V_\ell(A)^* \qquad \text{(äussere Algebra)}$$

wobei

$$H_\ell^i(A) \simeq \overset{i}{\Lambda}\ V_\ell(A)^* \text{ als } G(\bar{k}/k)\text{-Moduln} \quad ;$$

dabei wird $V_\ell(A)^*$ (und somit auch $H_\ell^i(A)$) zum $G(\bar{k}/k)$-Modul gemacht vermöge

$$f^\sigma(x) := f(\sigma^{-1}x) \text{ für } \sigma \in G(\bar{k}/k) \quad , \quad f \in V_\ell(A)^* \ .$$

Nach dem Vorangegangenen folgt sofort

<u>Proposition 4.1: Jede der Kohomologiegruppen</u> $H_\ell^i(A)$ <u>zerfällt nach dem Basiswechsel</u> $\mathbb{Q} \longrightarrow \overline{\mathbb{Q}}_\ell$ <u>als</u> $G(\bar{k}/k)$-<u>Modul direkt in 1-dimensionale Teilräume</u>

$$H_\ell^i(A) \otimes \overline{\mathbb{Q}}_\ell = \bigoplus_\Delta \mathcal{H}_\Delta \quad ,$$

<u>wobei</u> Δ <u>alle Teilmengen von</u> $\mathrm{Iso}(K, \overline{\mathbb{Q}}_\ell)$ <u>mit</u> i <u>Elementen durchläuft und für</u>

$x \in \mathcal{H}_\Delta$ gilt:

$$\sigma_{\mathfrak{p}}^{-1}(x) = \prod_{\lambda\in\Delta} \tilde{\psi}(\mathfrak{p})^{\lambda}\cdot x \quad .$$

($\mathcal{H}_\Delta$ ist i. allg. nicht durch diese Gleichung definiert, da für verschiedene Δ die Produkte $\prod_{\lambda\in\Delta} \tilde{\psi}(\mathfrak{p})^{\lambda}$ nicht verschieden zu sein brauchen.)

Wir fixieren je eine Einbettung $\overline{\mathbb{Q}} \longrightarrow \overline{\mathbb{Q}}_\ell$, bzw. $\overline{\mathbb{Q}} \longrightarrow \mathbb{C}$ und identifizieren damit $\mathrm{Iso}(K,\overline{\mathbb{Q}})$ mit $\mathrm{Iso}(K,\overline{\mathbb{Q}}_\ell)$ bzw. $\mathrm{Iso}(K,\mathbb{C})$. Für $\Delta \subseteq \mathrm{Iso}(K,\mathbb{C}) = G(K/\mathbb{Q})$ definieren wir den Grössencharakter ψ_Δ von k durch

$$\tilde{\psi}_\Delta(\mathfrak{p}) := \prod_{\lambda\in\Delta} \tilde{\psi}(\mathfrak{p})^{\lambda} \quad .$$

Ein Grössencharakter χ von k heisse M-induziert für einen Teilkörper $M \leq k$, falls ein Grössencharakter χ_1 von M existiert derart, dass gilt $\chi = \chi_1 \circ N_{k/M}$.

Satz 4.2: Sei $\Delta \subseteq G(K/\mathbb{Q})$, (K',H') der zu (K,H) duale CM-Typ und $k \geq M \geq K'$. Genau dann ist ψ_Δ M-induziert, wenn $\mathcal{H}_\Delta$ unter $G(\bar{k}/M_{ab}\cdot k)$ fix bleibt (für ein ℓ oder äquivalent dazu für alle ℓ).

Dies verallgemeinert Shimuras Kriterium, welches ein M-induziertes ψ durch eine gewisse Rationalitätseigenschaft der Torsionspunkte von A charakterisiert ([S3]).

Korollar 4.3: Sind alle Torsionspunkte von A rational über M_{ab}, so sind alle Grössencharaktere ψ_Δ für $\Delta \subseteq G(K/\mathbb{Q})$ M-induziert.

Beweis von Satz 4.2. Sei χ_Δ ein Grössencharakter von M mit $\psi_\Delta = \chi_\Delta \circ N_{k/M}$. Da die Frobenius-Elemente $\sigma_{\mathfrak{p}}$ in $G(k_{ab}/k)$ dicht liegen, hat jedes $\sigma \in G(k_{ab}/M_{ab}\cdot k)$ die Gestalt $\sigma = \lim_m \sigma_{\mathfrak{p}_m}$, wobei $\sigma_{\mathfrak{p}_m} \in G(k_{ab}/k\cdot L_m)$ den Strahlklassenkörper $L_{\mathfrak{f}m}/M$ für $m \in \mathbb{N}$, $\mathfrak{f} = \mathfrak{f}_{\chi_\Delta}$ festlässt und die Limesbildung über eine Folge natürlicher Zahlen m_ν erfolgt derart, dass jedes $n \in \mathbb{N}$ fast alle Folgenglieder teilt. Wegen der Transfer-Regel des Artin-Symbols

$$\sigma^{(k)}_{\mathfrak{p}_m}\,|\,M_{ab} = \sigma^{(M)}_{N_{k/M}(\mathfrak{p}_m)}$$

ist dabei $N_{k/M}(\mathfrak{p}_m) = (\mu)$ für ein $\mu \in M$ mit $\mu \equiv 1(\mathfrak{f}m)$, sodass gilt

$$\tilde{\chi}_\Delta(N_{k/M}(\mathfrak{p}_m)) = \mu^{-u(\chi_\Delta)} \equiv 1(m) \quad ,$$

also $\ell\text{-}\lim \tilde{\psi}_\Delta(\mathfrak{p}_m) = 1$ für jede Primzahl ℓ. Wegen der Stetigkeit der Galois-Darstellung auf $\mathcal{H}_\Delta$ (zu beliebigem ℓ) folgt $\sigma^{-1}(x) = \ell\text{-}\lim_m \tilde{\psi}_\Delta(\mathfrak{p}_m)\cdot x = x$, d.h. σ lässt $\mathcal{H}_\Delta$ fix. Sei nun umgekehrt $\mathcal{H}_\Delta$ fest unter $G(\bar{k}/M_{ab}\cdot k)$. Wir wollen einen Grössencharakter χ_Δ von M definieren mit $\psi_\Delta = \chi_\Delta \circ N_{k/M}$. Dazu genügt es, für passendes $\mathfrak{m}$ auf einer Untergruppe $U \subseteq \mathbb{D}_M^{(\mathfrak{m})}$ von endlichem Index $\tilde{\chi}_\Delta$ zu definieren und dann unter Berücksichtigung der Gruppenstruktur des Quotienten $\mathbb{D}_M^{(\mathfrak{m})}/U$ diese Abbildung zu einem Homomorphismus von $\mathbb{D}_M^{(\mathfrak{m})}$ nach $\mathbb{C}^\times$ fortzusetzen. Wir setzen

$$\tilde{\chi}_\Delta(\mathfrak{b}) := \tilde{\psi}_\Delta(\mathfrak{p}) \quad \text{für } \mathfrak{b} = N_{k/M}(\mathfrak{p}) \in N_{k/M}(\mathbb{D}_k^{(\mathfrak{f})})$$

mit $\mathfrak{f} = \mathfrak{f}_{\psi_\Delta}$ und

$$\tilde{\chi}_\Delta((\alpha)) := \prod_{\lambda\in\Delta} \prod_{\tau\in H'} N_{M/K'}(\alpha)^{\tau\lambda} \quad \text{für } (\alpha) \in \mathbb{H}_3 \quad ,$$

wobei die 3 nur dem Zweck dient, Einheitswurzeln in M modulo 3 trennen zu können. Um mit $U := N_{k/M}(\mathbb{D}_k^{(\mathfrak{m})})\cdot\mathbb{H}_{\mathfrak{m}}$ den Beweis zu Ende zu führen, bleibt noch $\mathfrak{m}$ derart zu bestimmen, dass die beiden Definitionen von $\tilde{\chi}_\Delta$ auf $N_{k/M}(\mathbb{D}_k^{(\mathfrak{m})}) \cap \mathbb{H}_{\mathfrak{m}}$ übereinstimmen. Für $\mu \in M$, $\mu \equiv 1(3\mathfrak{f})$ mit $(\mu) = N_{k/M}(\mathfrak{p})$ unterscheiden sich $\tilde{\chi}_\Delta(N_{k/M}(\mathfrak{p}))$ und $\tilde{\chi}_\Delta((\mu))$ nur um eine Einheitswurzel ζ aus M (da gleiche Primzerlegung und gleiche Beträge). Bleibt noch diese Einheitswurzel durch eine Kongruenz zu bestimmen. Nach Annahme liefert $\tilde{\psi}_\Delta$ eine 1-dimensionale Darstellung

$$\rho : G(M_{ab}\cdot k/k) \longrightarrow \overline{\mathbb{Q}}_\ell^\times \quad .$$

Die $\gamma \in \overline{\mathbb{Q}}_\ell^\times$ mit $\gamma \equiv 1(\ell^2)$ definieren eine offene Umgebung der 1, und deren Urbild bei ρ enthält die Galois-Gruppen $G(M_{ab}\cdot k/L_m\cdot k)$ mit den Strahlklassenkörpern L_m/M für hinreichend grosses $m \in \mathbb{N}$. Daher existiert ein $m_1 \in \mathbb{N}$ derart, dass für jedes Frobenius-Element $\sigma_{\mathfrak{p}} \in G(M_{ab}\cdot k/L_{m_1}\cdot k)$ folgt $\tilde{\psi}_\Delta(\mathfrak{p}) \equiv 1(\ell^2)$. Die Forderung an $\mathfrak{p}$ ist via Transfer-Regel äquivalent zu $N_{k/M}(\mathfrak{p}) \in \mathbb{H}_{m_1}$. Wir setzen $\mathfrak{m} := \ell^2\cdot m_1$ und betrachten $\mu \equiv 1(\mathfrak{m})$ mit $(\mu) = N_{k/M}(\mathfrak{p})$. Dann folgt

$$\tilde{\chi}_\Delta(N_{k/M}(\mathfrak{p})) \equiv 1(\ell^2)$$

und $\tilde{\chi}_\Delta((\mu)) \equiv 1(\mathfrak{m})$, also auch für den Quotienten $\zeta \equiv 1(\ell^2)$, d. h. $\zeta = 1$. Damit ist der Satz gezeigt.

Zum Ende dieses Abschnitts wollen wir noch zeigen, wie man einen beliebigen Grössencharakter $\psi \in \mathcal{G}_0(K)$ aus einer 1-dimensionalen Darstellung der Galois-Gruppe $G(\overline{K}/K)$ erhält durch Operation auf der ℓ-adischen Kohomologie einer CM-Varietät über K.

<u>Lemma 4.4: Jeder Grössencharakter $\psi \in \mathcal{G}_0(K)$ lässt sich darstellen als</u>

$$\psi = N_{K/\mathbb{Q}}^d \cdot \prod_{i=1}^{r} \psi_i$$

<u>mit</u> r <u>Grössencharakter</u> ψ_i <u>zu CM-Varietäten</u> (A_i,Θ_i) <u>über</u> K <u>und</u> $d \in \mathbb{Z}$.

<u>Beweis</u>. Da $u(\mathcal{G}_0(K))$ als $\mathbb{Z}$-Modul von Halbsystemen erzeugt ist (II. Kor. 1.2), folgt das Lemma aus II. Satz 2.2.

Mit den CM-Varietäten (A_i,Θ_i), die nach Lemma 4.4 zu vorgegebenem ψ existieren, definieren wir

$$A := \prod_{i=1}^{r} A_i$$

und betrachten $H^r_\ell(A) \otimes \overline{\mathbb{Q}}_\ell$ als $G(\overline{K}/K)$-Modul. Wir bezeichnen mit $H^r_\ell(A)(m)$ den <u>m-fachen Tate-Twist</u>, d. h. mit den $G(\overline{K}/K)$-Moduln

$$\mathbb{Q}_\ell(1) := (\varprojlim \mu_{\ell^\nu}) \otimes_{\mathbb{Z}_\ell} \mathbb{Q}_\ell \quad ,$$

$$\mathbb{Q}_\ell(-1) := \mathrm{Hom}_{\mathbb{Q}_\ell}(\mathbb{Q}_\ell(1),\mathbb{Q}_\ell)$$

wird gesetzt

$$H^r_\ell(A)(m) := \begin{cases} H^r_\ell(A) \otimes_{\mathbb{Q}_\ell} \mathbb{Q}_\ell(1)^{\otimes m} & \text{für } m \geq 0 \ , \\ H^r_\ell(A) \otimes_{\mathbb{Q}_\ell} \mathbb{Q}_\ell(-1)^{\otimes(-m)} & \text{für } m < 0 \ . \end{cases}$$

<u>Satz 4.5</u>: <u>Zu jedem konjugierten Grössencharakter</u> $\tilde{\psi}^\tau$ $(\tau \in \mathrm{Aut}(\overline{\mathbb{Q}}))$ <u>existiert ein nichttrivialer</u> $G(\overline{K}/K)$-<u>invarianter Teilraum</u> $\mathcal{V}_{\tilde{\psi}^\tau} \subseteq H^r_\ell(A)(-d) \otimes \overline{\mathbb{Q}}_\ell$ <u>mit</u>

$$\sigma_{\mathfrak{p}}^{-1}(x) = \tilde{\psi}(\mathfrak{p})^\tau \cdot x \quad \underline{\text{für}} \quad x \in \mathcal{V}_{\tilde{\psi}^\tau} \quad .$$

<u>Beweis</u>. Es gilt

$$H^r_\ell(A) \simeq \Lambda^r \, (H^1_\ell(A_1) \oplus \ldots \oplus H^1_\ell(A_r))$$

$$= \bigoplus_{i_1+\ldots+i_r=r} H_\ell^{i_1}(A_1) \otimes \ldots \otimes H_\ell^{i_r}(A_r)$$

und ein Teilraum hiervon ist $H^1(A_1) \otimes \ldots \otimes H^1_\ell(A_r)$. Nach Basiswechsel $\mathbb{Q}_\ell \longrightarrow \overline{\mathbb{Q}}_\ell$ finden wir analog zu Prop. 4.1 eine Basis bzgl. derer die Darstellung jedes Frobenius-Elements $\sigma_{\mathfrak{p}}^{-1}$ $(\mathfrak{p} \nmid \ell \cdot \prod_i \mathfrak{f}_{\psi_i})$ Diagonalgestalt hat. Die zugehörigen Diagonalelemente durchlaufen alle Konjugiertenprodukte

$$\prod_{i=1}^{r} \tilde{\psi}_i^{\tau_i}(\mathfrak{p}) \qquad \text{mit} \qquad \tau_i \in \mathrm{Aut}(\overline{\mathbb{Q}}) \quad .$$

Durch entsprechendes Tensorieren mit $\mathbb{Q}_\ell(1)$ bzw. dessen Dual $\mathbb{Q}_\ell(-1)$ erreichen wir im Tate-Twist

$$H^1_\ell(A_1) \otimes \ldots \otimes H^1_\ell(A_r)(-d) \otimes \overline{\mathbb{Q}}_\ell \quad ,$$

dass in der Diagonaldarstellung der Frobenius-Elemente $\sigma_{\mathfrak{p}}^{-1}$ u. a. die Produkte

$$\prod_{i=1}^{r} \tilde{\psi}_i(\mathfrak{p})^\tau \cdot N\mathfrak{p}^d = \tilde{\psi}(\mathfrak{p})^\tau$$

vorkommen, womit der Satz gezeigt ist. Eine Trivialität ist

<u>Korollar 4.6</u>: <u>Genau dann ist</u> $\tilde{\psi}$ K-<u>wertig</u>, <u>wenn jedes Frobenius-Element</u> $\sigma_{\mathfrak{p}} \in G(\overline{K}/K)$ <u>für</u> $\mathfrak{p} \nmid \ell \cdot \prod_i \mathfrak{f}_{\psi_i}$ <u>auf</u>

$$\mathcal{V} := \sum_{\tau} \mathcal{V}_{\psi^{\tau}}$$

über K diagonalisiert.

Anmerkung 4.7: Für ψ mit $u(\psi) \in \mathbb{Z}[G]\cdot s(H)$ für ein Halbsystem H, also insbesondere für alle ψ, falls G zyklisch ist, kommt man in Satz 4.5 mit einer Potenz einer CM-Varietät A_1 aus.

V. MODULIKÖRPER UND UNVERZWEIGTE ERWEITERUNGEN

1. Modulikörper und $\mathbb{Q}$-Varietäten

Modulikörper von Abelschen Varietäten treten gewöhnlich im Zusammenhang mit einer Polarisierung der Varietäten auf ([S-T], 4.2 ; [S3], Appendix). Ist eine CM-Varietät (A,Θ) über einem Zahlkörper definiert und $\mathcal{C}$ eine Polarisierung von A, so definiert man den Modulikörper k_o des Tripels $(A,\mathcal{C},\Theta)$ als den Fixkörper aller Automorphismen $\sigma \in \mathrm{Aut}(\overline{\mathbb{Q}}/\mathbb{Q})$ mit der Eigenschaft, dass $(A,\mathcal{C},\Theta)$ und $(A^{\sigma},\mathcal{C}^{\sigma},\Theta^{\sigma})$ isomorph sind als polarisierte CM-Varietäten (i. S. von [S-T], 14.3). Wir setzen im folgenden stets voraus, dass die durch die Polarisierung $\mathcal{C}$ bestimmte Involution λ von End(A) stets $\Theta(K)$ in sich überführt, was für einfache A stets erfüllt ist. Hat (A,Θ) den CM-Typ (K,H) mit dem Dual (K',H') und ist $\Theta^{-1}(\mathrm{End}(A) \cap \Theta(K)) = \mathcal{O}_K$, die Hauptordnung von K, so ist k_o die unverzweigte Abelsche Erweiterung von K zur Idealgruppe

$$\mathcal{H} := \{\mathfrak{a} \in \mathbb{D}_{K'} ; \exists \alpha \in K : \mathfrak{a}^{s(H')} = (\alpha) , |\alpha|^2 = N\mathfrak{a}\} .$$

Dies folgt aus "Main Theorem" [S3], 5.5 bzw. Corollary 5.16. Aus der Gestalt von ergibt sich sofort :

Bemerkung 1.1: Der Modulikörper k_o von $(A,\mathcal{C},\Theta)$ hängt nur ab vom CM-Typ (K,H), ist also unabhängig von der Auswahl einer Polarisierung mit $\Theta(K)^{\lambda} = \Theta(K)$. Wir nennen deshalb k_o auch den Modulikörper von (A,Θ) bzw. von (K,H)

Proposition 1.2: Der Modulikörper k_o von $(A,\mathcal{C},\Theta)$ ist in jedem Definitionskörper k von (A,Θ) enthalten.

Beweis. Per definitionem ist k_o in jedem Definitionskörper von $(A,\mathcal{C},\Theta)$ enthalten. Ferner ist nach [S4], Prop. 4 jede obige Polarisierung rational über jedem Definitionskörper k von (A,Θ), sodass k automatisch auch Definitionskörper von $(A,\mathcal{C},\Theta)$ ist, also k_o umfasst.

Hieran schliesst sich unmittelbar die Frage an nach den CM-Varietäten (A,Θ) vom Typ (K,H), welche bereits über ihrem Modulikörper k_o definiert sind. Wir wollen die

Kernpunkte von Shimuras Konstruktion [S4] solcher Varietäten im Kontext der vorliegenden Arbeit beschreiben.

Satz. 1.3: Sei (K,H) ein CM-Typ mit Dual (K',H'). Ferner sei k_o/K' die Abelsche Erweiterung zur Idealgruppe

$$\mathcal{H} := \{\mathfrak{a} \in \mathbb{D}_{K'} \ ; \exists \alpha \in K : \mathfrak{a}^{s(H')} = (\alpha) \ , \ |\alpha|^2 = N\mathfrak{a}\}$$

und ψ ein Grössencharakter von K', der Test-Charakter zu $s(H')$ und K ist. Dann ist $\psi \circ N_{k_o/K'}$ der Grössencharakter einer CM-Varietät (A,Θ) vom Typ (K,H), die über ihrem Modulikörper k_o definiert ist. Ausserdem sind alle Torsionspunkte von A über K'_{ab} definiert.

Der Beweis beruht wesentlich auf der Existenz der Test-Charaktere, die durch das Schlüssellemma I. 2.1 gesichert ist. Die K-Wertigkeit der Grössencharaktere $\tilde{\chi} := \tilde{\psi} \circ N_{k_o/K'}$ ergibt nach II. Satz 2.2 die Existenz zugehöriger CM-Varietäten vom Typ (K,H), die über ihrem Modulikörper k_o definiert sind, und die K'_{ab}-Rationalität der Torsion folgt mit IV. Satz 4.2 für die K'-induzierten Grössencharaktere χ.

Bevor wir uns weiter mit den unverzweigten Erweiterungen aus Modulikörpern und deren Zusammenhang mit Hecke-Annullatoren auseinandersetzen, wollen wir mit Hilfe von Test-Charakteren und Modulikörpern ein Konzept von "$\mathbb{Q}$-Varietäten" in Verallgemeinerung von Gross $\mathbb{Q}$-Kurven [G] einführen und dies Konzept etwas diskutieren. Sei $K/\mathbb{Q}$ Abelscher CM-Körper und (K,H) primitiver CM-Typ mit dem zugehörigen Modulikörper k_o/K zu

$$\mathcal{H} = \{ \mathfrak{a} \in \mathbb{D}_K ; \ \exists \alpha \ \in K : \mathfrak{a}^{s(H')} = (\alpha) \ ; \ |\alpha|^2 = N\mathfrak{a}\} \quad .$$

(Beachte : $K = K'$.)

Bemerkung 1.4: k_o ist Galoissch über $\mathbb{Q}$.

Beweis. Da $K/\mathbb{Q}$ Abelsch ist, führt jedes $\tau \in Aut(K)$ $\mathcal{H}$ in sich über. Sei $\tau \in Iso(k_o,\mathbb{C})$ und $y \in k_o$, d. h. $\sigma_{\mathfrak{a}}(y) = y$ für $\mathfrak{a} \in \mathcal{H}$. Dann ist auch $\sigma_{\mathfrak{a}^\tau}(y)=y$ für $\mathfrak{a} \in \mathcal{H}$, also

$$\sigma_{\mathfrak{a}}(\tau(y)) = \tau(\sigma_{\mathfrak{a}^\tau}(y)) = \tau(y) \quad ,$$

d.h. $\tau(y) \in k_o$.

Eine CM-Varietät (A,Θ) vom Typ (K,H) , die über k_o definiert ist, heisse $\mathbb{Q}$-Varietät, falls für alle $\sigma \in Aut(k_o)$ gilt :

$$A^\sigma \underset{k_o}{\simeq} A \quad .$$

Ist ferner $\dim(A) = 1$, so sprechen wir auch von einer $\mathbb{Q}$-Kurve (vgl. [G]).

Satz 1.5: Genau dann ist (A,Θ) eine $\mathbb{Q}$-Varietät, wenn der Grössencharakter ψ von (A,Θ) die Automorphieregel

$$\tilde{\psi}(\alpha^{\sigma}) = \tilde{\psi}(\alpha)^{\sigma} \qquad (AR)_{\sigma}$$

für alle $\sigma \in \mathrm{Aut}(k_o)$ erfüllt.

Beweis. Dies ist eigentlich ein weiteres Korollar zu IV. Satz 1.4 und folgt leicht, wenn wir beachten, dass wegen der Einfachheit von A jeder Endomorphismus über k_o definiert ist und demzufolge jede k_o-Isogenie $A^{\sigma} \sim A$ eine k_o-Isogenie von $(A^{\sigma},\Theta_{(\sigma)})$ mit (A,Θ) liefert.

Schon im 1-dimensionalen Fall bei elliptischen Kurven E mit komplexer Multiplikation $\Theta : \mathcal{O}_K \longrightarrow \mathrm{End}(E)$ fehlt eine klare Übersicht aller $\mathbb{Q}$-Kurven. Man hat allerdings bei ungerader Diskriminante von K eine kohomologische Beschreibung der k_o-Isogenieklassen von $\mathbb{Q}$-Kurven ([G], S. 32), die wir auf den höherdimensionalen Fall verallgemeinert gleich ausführlicher beschreiben. Bei gerader Diskriminante weiss man nur noch über die Existenz von $\mathbb{Q}$-Kurven zu K zu entscheiden ([G], S. 32).

Die Entscheidung über die Existenz einer $\mathbb{Q}$-Varietät eines vorgegebenen CM-Typs ist erwartungsgemäss schwierig. Wir wollen nun unter Verwendung der Arithmetik Abelscher Zahlkörper für eine Reihe zyklischer CM-Körper K diese Existenzfrage diskutieren. Es bezeichne $w = w_K$ die Elementanzahl der Gruppe μ_K der Einheitswurzeln in K und $\mathbb{Q}^{(w)}$ den von diesen Einheitswurzeln über $\mathbb{Q}$ erzeugten Teilkörper von K.

Lemma 1.6: Sei $K/\mathbb{Q}$ zyklischer CM-Körper vom Grad $(K:\mathbb{Q}) \equiv 2(4)$. Genau dann existiert in $K/\mathbb{Q}$ ein unverzweigter Primdivisor $\mathfrak{L}|\ell$ mit

a) $$\left(\frac{N\mathfrak{L}-1}{w_K}, w_K\right) = 1$$

und

b) $$\ell \simeq \mathfrak{L}\cdot\mathfrak{L}^{\rho} \quad ,$$

wenn nicht gleichzeitig die Wurzelzahl w_K von der Form $w_K = 2\cdot p^n > 2$ mit p prim ist und $(K:\mathbb{Q}^{(w)}) \equiv 0(p)$ gilt.

Beweis. Da die einzigen zyklischen Kreiskörper $\mathbb{Q}^{(w)}$ nur $\mathbb{Q}^{(4)}$ und solche von ungeradem Primzahlpotenzführer p^n sind und die Gradkongruenz der Voraussetzung $p-1 \equiv 2(4)$ verlangt, kommt für w_K nur 2, 4 und $2\cdot p^n$ mit $p \equiv 3(4)$ in Frage. Nach Voraussetzung hat K genau einen Teilkörper K_2 vom $\mathrm{Grad}(K_2:\mathbb{Q}) = 2$. Bezeichnet K_+ den maximal reellen Teilkörper von K, so gilt $K = K_2\cdot K_+$. Wegen $(K_+:\mathbb{Q}) \equiv 1(2)$ hat K_+ einen ungeraden Führer f_+ und für den Führer f_K von K

(bzw. f_{K_2} von K_2) gilt :

$$\mathrm{ord}_2(f_K) = \mathrm{ord}_2(f_{K_2}) \quad .$$

Fall $w_K = 2\cdot p^n$: Wenn wir die Ausnahmefälle $(K:\mathbb{Q}^{(w)}) \equiv 0(p)$ ausschliessen, entsteht durch Adjunktion einer primitiven p^{n+1}-ten Einheitswurzel ζ eine ebenfalls zyklische Erweiterung $K(\zeta)/\mathbb{Q}$. Wählen wir eine Primzahl ℓ, deren Frobenius-Automorphismus σ_ℓ die zyklische Gruppe $G(K(\zeta)/K_2)$ erzeugt, so folgt für deren Primteiler $\mathfrak{L}$ in K nach dem Zerlegungsgesetz die Aussage b) und

$$N\mathfrak{L} = \ell^{(K:K_2)} \equiv 1(p^n) \quad .$$

Nach Wahl von ℓ hat ℓ mod p^{n+1} die Ordnung $\varphi(p^{n+1})/2 = p\cdot\varphi(p^n)/2$, sodass wegen $\mathrm{ord}_p(K:K_2) = \mathrm{ord}_p(\varphi(p^n)/2)$ sicher

$$N\mathfrak{L} = \ell^{(K:K_2)} \not\equiv 1(p^{n+1})$$

ist, d. h. $((N\mathfrak{L}-1)/p^n, p) = 1$. Da nach den Vorbemerkungen mit K_2 $(\subseteq \mathbb{Q}^{(p)})$ auch K einen ungeraden Führer hat, kann zusätzlich $\ell \equiv 3(4)$ gewählt werden, was schliesslich wegen $(K:K_2) \equiv 1(2)$ die Behauptung

$$\left(\frac{N\mathfrak{L}-1}{2\cdot p^n}, 2\cdot p^n\right) = 1$$

liefert. Ist dagegen im Ausnahmefall $(K:\mathbb{Q}^{(w)}) \equiv 0(p)$ ein $\mathfrak{L}|\ell$ mit $N\mathfrak{L} = \ell^{(K:K_2)}$, d. h. $\langle\sigma_\ell\rangle = G(K/K_2)$ gegeben, so ist stets a) verletzt, da

$$\ell^{(\mathbb{Q}^{(w)}:K_2)} \equiv 1(p^n) \quad ,$$

also $\ell^{(K:K_2)} \equiv 1(p^{n+1})$ gilt.

Fall $w_K = 4$: Hier ist notwendig $K_2 = \mathbb{Q}^{(4)}$, also $f_K \equiv 4(8)$. Wegen $(K:\mathbb{Q}^{(4)}) \equiv 1(2)$ ist $K\cdot\mathbb{Q}^{(8)}/\mathbb{Q}^{(4)}$ zyklisch. Man wähle eine Primzahl ℓ mit $\langle\sigma_\ell\rangle = G(K\cdot\mathbb{Q}^{(8)}/\mathbb{Q}^{(4)})$. Dann ist für $\mathfrak{L}|\ell$ in K

$$N\mathfrak{L} = \ell^{(K:K_2)} \equiv 5(8) \quad ,$$

also $((N\mathfrak{L}-1)/4, 4) = 1$.

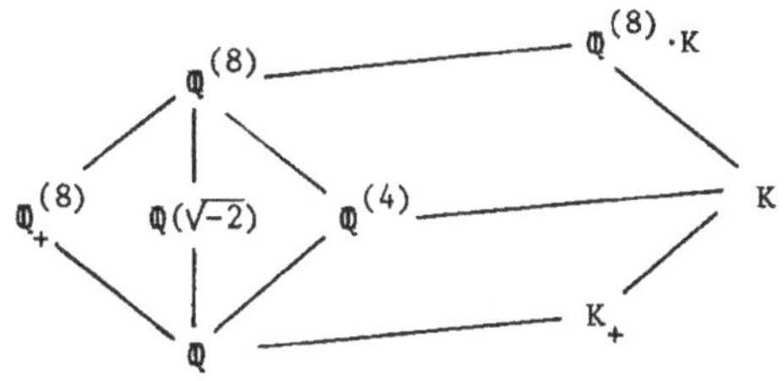

Fall $w_K = 2$: Für $f_K \equiv 1(2)$ können wir ℓ mit $<\sigma_\ell> = G(K/K_2)$ und $\ell \equiv 3(4)$ wählen und a), b) wie in den vorherigen Fällen folgern. Für $f_K \equiv 0(8)$ ist nach der Vorbemerkung $f_{K_2} \equiv 0(8)$, d. h. $K_2 = \mathbb{Q}(\sqrt{-2d})$ mit d ungerade und quadratfrei.

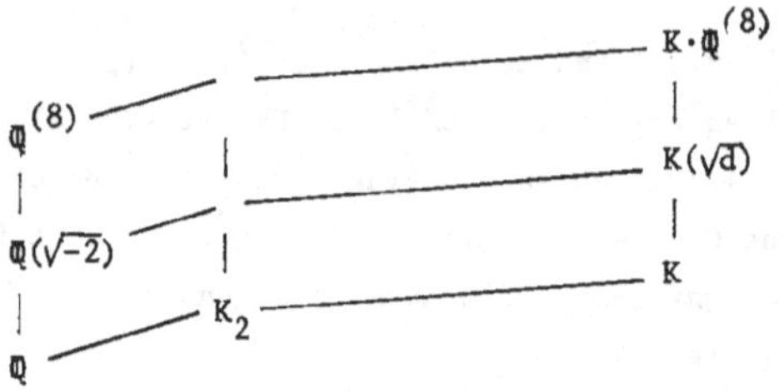

Wieder lässt sich eine Primzahl ℓ wählen mit $<\sigma_\ell> = G(K(\sqrt{d})/K_2)$ und $\ell \equiv 3(4)$, sodass insbesondere a) folgt. Für $f_K \equiv 4(8)$ ist $f_{K_2} \equiv 4(8)$, also $K_2 = \mathbb{Q}(\sqrt{-d})$ mit $d \equiv 1(4)$ quadratfrei. Hier wählen wir ℓ mit $<\sigma_\ell> = G(K\cdot\mathbb{Q}^{(4)}/K_2)$, sodass insbesondere $\ell \equiv 3(4)$, also für $\mathfrak{L}|\ell$ in K dann $((N\mathfrak{L}-1)/2,2) = 1$ gilt, was den Beweis des Lemmas abschliesst.

Proposition 1.7: Sei $K/\mathbb{Q}$ ein zyklischer CM-Körper vom Grad $(K:\mathbb{Q}) \equiv 2(4)$ und $\mathfrak{L}$ ein Primdivisor von K wie in Lemma 1.6 gewählt. Falls ein Divisorcharakter χ von K existiert mit Werten in μ_K mit der Eigenschaft

$$\chi(\alpha^\sigma)/\chi(\alpha)^\sigma = \begin{cases} 1 & \text{für } \sigma|_{K_2} = \mathrm{id} \quad , \\ (N\alpha/\mathfrak{L})_w & \text{sonst} \end{cases}$$

für jeden Automorphismus $\sigma \in G(K/\mathbb{Q})$, dann existiert für jeden primitiven CM-Typ (K,H) eine $\mathbb{Q}$-Varietät dieses Typs.

Beweis. Sei k_o/K der Modulikörper zu (K,H) und ψ_1 ein Test-Charakter zum dualen Halbsystem s(H') und K , d. h. für $\mathfrak{b} \in \mathbb{D}_K$ prim zu $\mathfrak{f}_{\psi_1}$ ist $\tilde{\psi}_1(\mathfrak{b}) \in K$ genau dann, wenn ein $\alpha \in K$ existiert mit $\mathfrak{b}^{s(H')} = (\alpha)$ und $|\alpha|^2 = N\mathfrak{b}$. Damit ist dann $\tilde{\varphi} = \tilde{\psi}_1 \circ N_{k_o/K}$ K-wertig. Um Satz 1.5 anwenden zu können, haben wir $(AR)_\sigma$ nachzuweisen, wobei wir φ noch um einen μ_K-wertigen Strahlklassencharakter von k_o abändern dürfen. Zunächst definieren wir mit $a\cdot(N\mathfrak{L}-1)/w+b\cdot w = 1$

$$\tilde{\varphi}_1(\alpha) := (\tilde{\varphi}(\alpha)/\mathfrak{L})_w^{-a}\cdot\tilde{\varphi}(\alpha) \quad ,$$

was die Kontrolle der Automorphieregel vereinfacht, denn es ist

$$\tilde{\varphi}_1(\alpha^\sigma) = (\tilde{\varphi}(\alpha)^\sigma/\mathfrak{L})_w^{-a}\cdot\tilde{\varphi}(\alpha)^\sigma \quad ,$$

da für $\zeta := \tilde{\varphi}(\alpha^\sigma)/\tilde{\varphi}(\alpha)^\sigma \in \mu_K$ gilt :

$$(\zeta/\mathfrak{L})_w^{-a}\cdot\zeta = \zeta^{-a\cdot(N\mathfrak{L}-1)/w+1} = \zeta^{b\cdot w} = 1 \quad .$$

Nun ist

$$\tilde{\varphi}_1(\alpha^\sigma)/\tilde{\varphi}_1(\alpha)^\sigma = (\tilde{\varphi}(\alpha)^\sigma/\mathfrak{L})_w^{-a}/(\tilde{\varphi}(\alpha)^\sigma/\mathfrak{L}^\sigma)_w^{-a}$$

$$= (\tilde{\varphi}(\alpha)^\sigma/\mathfrak{L}^{1-\sigma})_w^{-a}$$

$$= \begin{cases} 1 & \text{für } \sigma|_{K_2} = \mathrm{id} \\ (N\alpha/\mathfrak{L})_w^{-a} & \text{sonst,} \end{cases}$$

denn

$$(\tilde{\varphi}(\alpha)^\sigma/\mathfrak{L}^{1-\rho})_w = (\tilde{\varphi}(\alpha)^\sigma/\mathfrak{L})_w \cdot (\tilde{\varphi}(\alpha)^{\sigma\rho}/\mathfrak{L})_w = (N\alpha/\mathfrak{L})_w$$

mit $N\alpha = N_{k_o/\mathbb{Q}}(\alpha)$. Setzen wir nun

$$\tilde{\psi}(\alpha) := \chi^a(N_{k_o/K}(\alpha))\cdot\tilde{\varphi}_1(\alpha) \qquad ,$$

so wird die Abweichung von der Automorphieregel gerade zunichte gemacht, und die Proposition ist gezeigt mit Satz 1.5.

<u>Korollar 1.8</u>: <u>Sei</u> $\psi \in \mathcal{G}_o(K)^K$ <u>mit</u> $u(\psi)\cdot(1+\rho) = s(G(K/\mathbb{Q}))$, <u>und</u> ψ <u>erfülle die Automorphieregel</u> $(AR)_\sigma$ <u>für jedes</u> σ . <u>Dann existiert für jeden primitiven</u> CM-<u>Typ</u> (K,H) <u>eine</u> $\mathbb{Q}$-<u>Varietät dieses Typs</u>. <u>Dies trifft insbesondere zu</u>, <u>falls</u> $w_K > 2$ <u>ist</u>.

<u>Beweis</u>. Man zeigt sofort, dass $\chi(\alpha) := (\tilde{\psi}(\alpha)/\mathfrak{L})_w$ den Bedingungen der Proposition genügt. Ist $w_K > 2$, so liefern die Jacobi-Summen $\omega_{x,y}$ zu $\mathbb{Q}^{(w)}$ (vgl. I.4) Grössencharaktere

$$\psi := \omega_{x,y} \circ N_{K/\mathbb{Q}^{(w)}} \in \mathcal{G}_o(K)^K$$

mit den gewünschten Eigenschaften.

<u>Korollar 1.9</u> : <u>Sei</u> $p \equiv 3(4)$ <u>und</u> $K \subseteq \mathbb{Q}^{(p^n)}$ <u>ein</u> CM-<u>Körper</u>. <u>Dann existieren</u> $\mathbb{Q}$-<u>Varietäten eines jeden primitiven</u> CM-<u>Typs</u>.

<u>Beweis</u>. K hat entweder Wurzelzahl $w_K = 2$ oder ist selbst von der Form $K = \mathbb{Q}^{(p^n)}$. Der letzte Fall wurde bereits in Kor 1.8 erledigt. Ist $w_K = 2$, so sei $\mathfrak{p}$ der Primdivisor von p in K . Nach Voraussetzung ist $((N\mathfrak{p}-1)/2,2) = 1$. Sei (K,H) primitiver CM-Typ mit Modulikörper k_o und φ der nach Satz 1.3 existierende Grössencharakter einer CM-Varietät vom Typ (K,H) definiert über k_o . Dann genügt der getwistete Grössencharakter $\tilde{\psi}(\alpha) := (\tilde{\varphi}(\alpha)/\mathfrak{p})_2\cdot\tilde{\varphi}(\alpha)$ der Automorphieregel, sodass eine zugehörige CM-Varietät vom Typ (K,H) nach Satz 1.5 dann $\mathbb{Q}$-Varietät ist.

Im 1-dimensionalen Fall liegt eine vollständige Beschreibung der imaginär-quadratischen

Zahlkörper $K = K_2$, die zu $\mathbb{Q}$-Kurven gehören, vor ([G],11). Dies birgt auch Information für den allgemeinen Fall.

Proposition 1.10: Sei $K/\mathbb{Q}$ zyklischer CM-Körper vom Grad $(K:\mathbb{Q}) \equiv 2(4)$ und sei $K_2 \subseteq K$ mit $(K_2:\mathbb{Q}) = 2$. Falls zu K_2 eine $\mathbb{Q}$-Kurve existiert, so gibt es für mindestens einen CM-Typ (K,H_1) eine $\mathbb{Q}$-Varietät.

Beweis. Mit III. 3.3 wählen wir ein Halbsystem H_1 derart, dass

$$u(\mathcal{J}_0(K)) = \mathbb{Z}[G(K/\mathbb{Q})]\cdot s(H_1) \quad .$$

Sei k_1 der Modulikörper von (K,H_1) und φ (nach Satz 1.3) der Grössencharakter einer CM-Varietät dieses Typs definiert über k_1. Nach Kor. 1.8 können wir o.B.d.A. $w_K = 2$ annehmen, und nach Lemma 1.6 existiert dann ein unverzweigtes $\mathfrak{L}|\ell$ in K mit $((N\mathfrak{L}-1)/2,2) = 1$ und $\ell \cong \mathfrak{L}\cdot\mathfrak{L}^\rho$. Zunächst bemerken wir

Lemma 1.11: Der Hilbertsche Klassenkörper k_2 von K_2 ist im Modulikörper k_1 enthalten.

Ist dann $\lambda : \mathbb{D}_{k_2}^{(\mathfrak{f}_\lambda)} \longrightarrow K_2$ der Grössencharakter einer $\mathbb{Q}$-Kurve zu K_2, so gilt insbesondere für $\sigma \in \mathrm{Aut}(k_1)$ und $\lambda_1 := \lambda\circ N_{k_1/k_2}$: $\lambda_1(\alpha^\sigma) = \lambda_1(\alpha)^\sigma$, also für $\chi(\alpha) := (\lambda_1(\alpha)/\mathfrak{L})_2$

$$\chi(\alpha^\sigma)/\chi(\alpha)^\sigma = (\lambda_1(\alpha)^\sigma)/\mathfrak{L}^{1-\sigma})_2 = \begin{cases} 1 & \text{für } \sigma|_{K_2} = \mathrm{id}, \\ (N\alpha/\mathfrak{L})_2 & \text{sonst,} \end{cases}$$

wobei $N\alpha = N_{k_1/\mathbb{Q}}(\alpha)$ ist. Andererseits gilt für $\tilde{\varphi}_1(\alpha) := (\tilde{\varphi}(\alpha)/\mathfrak{L})_2\cdot\tilde{\varphi}(\alpha)$ und $\sigma \in \mathrm{Aut}(k_1)$ analog wie im Beweis von Prop. 1.7

$$\tilde{\varphi}_1(\alpha^\sigma)/\varphi_1(\alpha)^\sigma = (\tilde{\varphi}(\alpha)^\sigma/\mathfrak{L}^{1-\sigma})_2 = \begin{cases} 1 & \text{für } \sigma|_{K_2} = \mathrm{id}, \\ (N\alpha/\mathfrak{L})_2 & \text{sonst,} \end{cases}$$

sodass schliesslich $\tilde{\psi}(\alpha) := \chi(\alpha)\cdot\tilde{\varphi}_1(\alpha)$ die Automorphieregel erfüllt, also nach Satz 1.5 zu einer $\mathbb{Q}$-Varietät vom Typ (K,H_1) gehört. Damit ist die Proposition bis auf den Beweis des Lemmas gezeigt.

Beweis von Lemma 1.11. Offenbar ist $k_2\cdot K/K$ unverzweigt ebenso wie k_1/K, sodass es genügt zu zeigen, dass k_2 fest bleibt unter den Artin-Symbolen $\sigma_\alpha = (K/\alpha)$ für diejenigen $\alpha \in \mathbb{D}_K$, für die ein $a \in K^\times$ existiert mit $\alpha^{s(H_1)} = (a)$, $|a|^2 = N\alpha$. Deren Einschränkung auf k_2 liefert die Artin-Symbole $\sigma_\alpha|_{k_2} = (K_2/N_{K/K_2}(\alpha))|_{k_2}$. Nach Wahl von H_1 liegt $s(G(K/K_2))$ im Erzeugnis von $s(H_1)$, ist also

$$N_{K/K_2}(\mathfrak{a}) = \mathfrak{a}^{\delta\cdot s(H_1)} \quad \text{mit} \quad \delta \in \mathbb{Z}[G(K/\mathbb{Q})] \quad ,$$

sodass für obige $\mathfrak{a}$ jeweils ein $\beta \in K^\times$ existiert mit

$$N_{K/K_2}(\mathfrak{a}) = (\beta) \ , \quad |\beta|^2 = N\mathfrak{a} \quad .$$

Für $\tau \in G(K/K_2)$ gilt dann : $\beta^{\tau-1}$ ist Einheit vom Absolutbetrag 1, also Einheitswurzel aus K. Wegen $w_K = 2$ folgt $\beta^\tau = \pm\beta$ und, da $(K:K_2) \equiv 1(2)$ ist, folgt sogar $\beta^\tau = \beta$, also $\beta \in K_2$. Damit wird schliesslich $\sigma_{\mathfrak{a}}|_{k_2} = (K_2/(\beta))|_{k_2} = \mathrm{id}$, d. h. $k_2 \leq k_1$.

Zum Schluss dieses Abschnitts kehren wir zurück zu beliebigen Abelschen CM-Körpern $K/\mathbb{Q}$. Wir wollen für einen vorgegebenen primitiven CM-Typ (K,H) mit Modulikörper k die Menge der k-Isogenieklassen von $\mathbb{Q}$-Varietäten des Typs (K,H) beschreiben. Dazu lassen wir $G(k/\mathbb{Q})$ auf den K-wertigen Strahlklassencharakteren χ von k operieren durch

$$^\tau\chi(\mathfrak{a}) := \chi(\mathfrak{a}^\tau)^{\tau-1} \quad ,$$

d. h. wir machen $\mathrm{Hom}(G(\bar{k}/k),\mu_K) = H^1(G(\bar{k}/k),\mu_K)$ zum $G(k/\mathbb{Q})$-Modul. Analog wie in [G], 11. gilt :

<u>Satz 1.12</u>: <u>Sei</u> $K/\mathbb{Q}$ <u>Abelscher</u> <u>CM-Körper und</u> (K,H) <u>ein primitiver</u> <u>CM-Typ mit</u> <u>Modulikörper</u> k . <u>Falls eine</u> <u>$\mathbb{Q}$-Varietät vom Typ</u> (K,H) <u>existiert, so hat man eine</u> <u>Bijektion</u>

$$\left\{\begin{matrix}k\text{-Isogenieklassen der}\\ \mathbb{Q}\text{-Varietäten vom Typ}(K,H)\end{matrix}\right\} \xrightarrow{\sim} H^1(G(\bar{k}/k),\mu_K)^{G(k/\mathbb{Q})} \quad .$$

<u>Beweis</u>. Nach II. Satz 2.2 und V. Satz 1.5 entsprechen die k-Isogenieklassen der $\mathbb{Q}$-Varietäten vom Typ (K,H) eineindeutig denjenigen K-wertigen Grössencharakteren $\tilde{\psi}$ von k mit $u(\psi) = s(\tilde{H})$ für $(k,\tilde{H}) = \mathrm{ind}_k(K,H')$, welche der Automorphieregel genügen. Diese lassen sich offenbar gerade durch Multiplikation mit einem passenden Charakter $\chi \in H^1(G(\bar{k}/k),\mu_K)^{G(k/\mathbb{Q})}$ sämtlich ineinander überführen, was die Behauptung des Satzes liefert.

2. <u>Das Kompositum der Modulikörper</u>

Zu Beginn des letzten Abschnitts wurde bereits erwähnt, dass der Modulikörper $k_o = k_o(H)$ eines CM-Typs (K,H) stets eine unverzweigte Abelsche Erweiterung von K' liefert, wobei (K',H') das Dual von (K,H) bezeichnet. Nach diesem Schema wollen wir nun eine Reihe unverzweigter Abelscher Erweiterungen von K konstruieren ähnlich wie in [Sl], jedoch besser der Arithmetik von K angepasst. Im folgenden setzen wir stets K als normal voraus.

Proposition 2.1: Sei k_o der Modulikörper von (K,H). Dann ist $K\cdot k_o/K$ die unverzweigte Abelsche Erweiterung, die via Klassenkörpertheorie der Idealgruppe

$$\mathcal{H}_o(H) := \{\mathfrak{a} \in \mathbb{D}_K \ ; \ \exists \alpha \in K : \mathfrak{a}^{s(H^{-1})} = (\alpha) \ , \ |\alpha|^2 = N\mathfrak{a}\}$$

entspricht.

Beweis. Dies folgt aus der Kennzeichnung von k_o in V.1 und mittels der Transferregel für das Artin-Symbol.

Wir betrachten nun für einen festen normalen CM-Körper K die Idealgruppe

$$\mathcal{H}_o := \bigcap_{\text{alle } H} \mathcal{H}_o(H) \quad ,$$

bzw. deren Klassengruppe $\mathcal{L}_o := \mathcal{H}_o/\mathbb{H}_K$, die via Klassenkörpertheorie dem Kompositum K_M aller Modulikörper $k_o(H)$ gemäss Prop. 2.1 entspricht. Sei $J = \langle \rho \rangle \subseteq \mathrm{Aut}(K)$ und $\mathbb{D}_K^J := \{\mathfrak{a} \in \mathbb{D}_K \ ; \mathfrak{a}^\rho = \mathfrak{a}\}$.

Proposition 2.2: Es gilt

$$\mathbb{H}_K \cdot \mathbb{D}_K^J = \{\mathfrak{a} \in \mathbb{D}_K \ ; \ \exists \alpha \in K : \mathfrak{a}^{1-\rho} = (\alpha) \ , \ |\alpha|^2 = 1\}$$

und für jedes Halbsystem H von K mit $\iota \in H$ und $\tilde{H} := H \setminus \{\iota\} \dot{\cup} \{\rho\}$ gilt

$$\mathcal{H}_o = \mathcal{H}_o(H) \cap \mathcal{H}_o(\tilde{H}) = \mathbb{H}_K \cdot \mathbb{D}_K^J \cap \mathcal{H}_o(H) \quad .$$

Beweis. Nach Hilberts Satz 90 ist jedes $\alpha \in K$ mit $\alpha^{1+\rho} = 1$ von der Form $\alpha = \beta^{1-\rho}$ mit $\beta \in K$, was bereits die erste Behauptung ergibt. Da $1-\rho = s(H)-s(\tilde{H})$ ist, gilt für $\mathfrak{a} \in \mathcal{H}_o(H^{-1}) \cap \mathcal{H}_o(\tilde{H}^{-1})$

$$\mathfrak{a}^{1-\rho} = \mathfrak{a}^{s(H)}/\mathfrak{a}^{s(\tilde{H})} = (\alpha/\tilde{\alpha}) \qquad \text{mit} \qquad |\alpha|^2 = |\tilde{\alpha}|^2 = N\mathfrak{a} \quad ,$$

also $\mathfrak{a} \in \mathbb{H} \cdot \mathbb{D}^J$ und somit

$$\mathcal{H}_o \subseteq \mathcal{H}_o(H^{-1}) \cap \mathcal{H}_o(\tilde{H}^{-1}) \subseteq \mathbb{H}.\mathbb{D}^J \cap \mathcal{H}_o(H^{-1}) \quad .$$

Wegen $\tilde{H}^{-1} = \widetilde{H^{-1}}$ genügt es schliesslich $\mathbb{H} \cdot \mathbb{D}^J \cap \mathcal{H}_o(H) \subseteq \mathcal{H}_o(T)$ zu zeigen für beliebiges Halbsystem T. Nach I. Satz 1.5 c) hat $s(T^{-1})$ eine Darstellung

$$s(T^{-1}) = (1-\rho)\delta + a \cdot s(H^{-1}) \quad \text{mit} \quad \delta \in \mathbb{Z}[G(K/\mathbb{Q})] \ , \ a \in \mathbb{Z} \ .$$

Dabei ist notwendig $a = 1$, was durch Multiplikation mit $1+\rho$ sofort folgt. Für $\mathfrak{a} \in \mathbb{H} \cdot \mathbb{D}^J \cap \mathcal{H}_o(H)$ gilt dann :

$$\alpha^{s(T^{-1})} = \alpha^{(1-\rho)\delta} \cdot \alpha^{s(H^{-1})} = (\alpha^{\delta} \cdot \mu)$$

mit $\alpha, \mu \in K$ derart, dass $|\alpha|^2 = 1$ und $|\mu|^2 = N\alpha$ ist, also liegt α in $\mathcal{H}_o(T)$.

<u>Satz 2.3: Falls ein Grössencharakter</u> $\psi \in \mathcal{G}_o(K)^K$ <u>mit</u> $u(\psi) = s(H)$ <u>für ein Halbsystem</u> H <u>existiert, dann gilt</u>

$$\mathcal{H}_o = \mathbb{H}_K \cdot \mathbb{D}_K^J = \mathcal{H}_o(\tilde{H}^{-1})$$

<u>und</u> $K_M = k_o(\tilde{H}) \cdot K$.

<u>Beweis</u>. Die Existenz eines Grössencharakters ψ wie im Satz impliziert sofort $\mathcal{H}_o(H^{-1}) = \mathbb{D}_K$, sodass die Behauptung mit Prop. 2.2 folgt.

<u>Korollar 2.4: Die Voraussetzung des Satzes ist erfüllt, falls</u> K <u>eine nichttriviale Einheitswurzel enthält, also insbesondere für alle Kreiskörper</u> $\mathbb{Q}(\mu_m)$ <u>mit</u> $m > 2$.

<u>Beweis</u>. Wie im Beweis von Kor. 1.9 lässt sich mit Hilfe der Jacobi-Summen aus I.4 ein Grössencharakter $\psi := \omega_{1,1} \circ N_{K/\mathbb{Q}}(w)$ bilden, dessen Unendlichtyp ein Halbsystem von K ist.

<u>Bemerkung 2.5: Ist</u> $G = G(K/\mathbb{Q})$ <u>zyklisch, so existiert ein Halbsystem</u> H <u>mit</u> $\mathcal{H}_o = \mathcal{H}_o(H)$.

Zum Beweis haben wir nur ein Halbsystem H_1 mit $\mathbb{Z}[G] \cdot s(H_1) = u(\mathcal{G}_o(K))$ zu wählen nach III. 3.3 und $H := H_1^{-1}$ zu setzen (vgl. hierzu auch [S1], Theor. 3).

Wir schliessen diesen Abschnitt mit einigen Bemerkungen über den Zusammenhang der Klassengruppe $\mathcal{L}_{K_+}$ von K_+ , dem maximal reellen Teilkörper von K , mit der <u>Relativklassengruppe</u>

$$\mathcal{L}^* := \{c \in \mathcal{L} \ ; \ N_{K/K_+}(c) = 1 \text{ in } \mathcal{L}_{K_+}\}$$

und mit $\mathcal{L}_o$. Die Normabbildung von $\mathbb{D}_K$ nach $\mathbb{D}_{K_+}$ induziert das folgende exakte Diagramm

$$0 \longrightarrow \mathcal{L}^* \longrightarrow \mathcal{L} \xrightarrow{N_{K/K_+}} \mathcal{L}_{K_+} \longrightarrow 0 \qquad ,$$

d. h. für die Hilbertschen Klassenkörper K_{Hilb} bzw. $K_{+,Hilb}$ von K bzw. K_+ liefert das Artin-Symbol den Isomorphismus

$$\mathcal{L}^* \xrightarrow{\sim} G(K_{Hilb}/K \cdot K_{+,Hilb}), \ \alpha \longmapsto (K/\alpha) \quad .$$

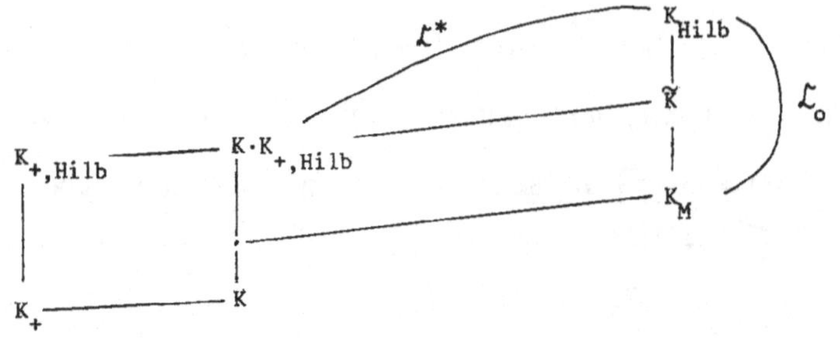

Proposition 2.6 : Das Kompositum $\tilde{K} := K_M \cdot K_{+,Hilb}$ ist eine unverzweigte Abelsche Erweiterung von K mit Galois-Gruppe

$$G(\tilde{K}/K) \simeq \mathcal{L}/\mathcal{L}_o \cap \mathcal{L}^* \quad \text{(kanonisch)},$$

wobei $\mathcal{L}_o \cap \mathcal{L}^*$ 2-elementarabelsch ist. Speziell im Fall von Satz 2.3 gilt

$$\mathcal{L}_o \cap \mathcal{L}^* = \{\mathfrak{a}\mathbb{H};\ \mathfrak{a}^2 \in \mathbb{H}_{K_+} \cdot \mathbb{H}^{1-\rho}\} \quad .$$

Ferner ist auch $\mathcal{L}/\mathcal{L}_o \cdot \mathcal{L}^*$ 2-elementarabelsch, sodass also die Isomorphie

$$G(K_M/K) \simeq \mathcal{L}^* \qquad \text{(modulo 2-Anteil)}$$

besteht. (Für ähnliche Aussagen über Strahlklassenkörper sei auf [S1] verwiesen.)

Beweis. Wir zeigen zunächst, dass $\mathcal{L}_o \cap \mathcal{L}^*$ und $\mathcal{L}/\mathcal{L}_o \cdot \mathcal{L}^*$ höchstens den Exponenten 2 haben. Für $\mathfrak{a}\mathbb{H} \in \mathcal{L}_o \cap \mathcal{L}^*$ ist mit Prop. 2.2 $\mathfrak{a} = (\alpha)\cdot\mathfrak{b}$, $\mathfrak{b} \in \mathbb{D}^J$ und $\mathfrak{a}^{1+\rho} = (\gamma) \in \mathbb{H}_{K_+}$; also $(\gamma) = (N_{K/K_+}(\alpha))\cdot\mathfrak{b}^2$, d. h. insbesondere $(\mathfrak{a}\mathbb{H})^2 = \mathfrak{b}^2\mathbb{H} = \mathbb{H}$. Ist $\mathfrak{a}\mathbb{H} \in \mathcal{L}$ beliebig, so hat $\mathfrak{a}^2$ eine Darstellung $\mathfrak{a}^2 = \mathfrak{a}^{1+\rho}.\mathfrak{a}^{1-\rho}$, wobei offenbar $\mathfrak{a}^{1+\rho}\mathbb{H} \in \mathcal{L}_o$ und $\mathfrak{a}^{1-\rho}\mathbb{H} \in \mathcal{L}^*$ ist, sodass schliesslich die beiden in Frage stehenden Gruppen wegen der Endlichkeit der Klassenzahl 2-elementarabelsch sind. Die explizite Gestalt von $\mathcal{L}_o \cap \mathcal{L}^*$ im Fall von Satz 2.3 rechnet man leicht nach, und die Isomorphieaussagen liest man direkt am obigen Körperdiagramm ab.

Bezüglich der Operation von $J = \langle\rho\rangle$ auf der Klassengruppe $\mathcal{L}_K$ betrachten wir die (± 1)-Eigenräume

$$\mathcal{L}_K^{\pm} = \{c \in \mathcal{L}_K\ ;\ c^{\rho} = c^{\pm 1}\} \quad .$$

Korollar 2.7: Ist die Klassenzahl $h_K = |\mathcal{L}_K|$ ungerade, so gilt

a) $G(\tilde{K}/K) \simeq \mathcal{L}_K$,

b) $G(K_M/K) \simeq \mathcal{L}^* \simeq \mathcal{L}_K^-$,

c) $G(K\cdot K_{+,Hilb}/K) \simeq \mathcal{L}_o \simeq \mathcal{L}_K^+$.

3. Dualitäten

Es sei $K/\mathbb{Q}$ normal mit einem CM-Körper als Teilkörper. Ferner sei $\underline{a} \in u(\mathcal{G}_o(K))$ mit einem Test-Charakter $\psi \in \mathcal{G}_o(K)$ zu $\underline{a}$ und K (vgl. Schlüssellemma I. 2.1). Die geometrischen Annullator-Kriterien in IV. basieren auf zwei zahlentheoretischen Beschreibungen, wie stark $\underline{a}$ davon abweicht, Hecke-Annullator, d. h. in $\mathcal{G}_o(K)^K$ zu sein. Die erste Methode zeichnet dazu den kleinsten Erweiterungskörper k/K aus mit der Eigenschaft, dass $\tilde{\psi}\circ N_{k/K}$ K-wertig ist, während die zweite Methode schlicht die Wertekörpererweiterung $K(\tilde{\psi})/K$ als die Abweichung interpretiert. Man wird natürlich erwarten, dass k und $K(\tilde{\psi})$ irgendwie miteinander in Verbindung stehen. Dies soll im folgenden u. a. geklärt werden. Es sei $(1+\rho)\underline{a} = d\cdot s(G(K/\mathbb{Q}))$. Allgemeiner als in Prop. 2.1 setzen wir

$$\mathcal{H}_o(\underline{a}) := \{ \mathfrak{a} \in \mathbb{D}_K \ ; \ \exists \alpha \in K : \mathfrak{a}^{\underline{a}} = (\alpha) \ , \ |\alpha|^2 = N\mathfrak{a}^d \} \quad .$$

Die via Klassenkörpertheorie zu $\mathcal{H}_o(\underline{a})$ gehörige unverzweigte Abelsche Erweiterung $k = k_o(\underline{a})$ von K ist dann für jeden Test-Charakter ψ zu $\underline{a}$ und K die kleinste Erweiterung k/K mit $K(\tilde{\psi}\circ N_{k/K}) = K$ und heisse die <u>Modulierweiterung</u> zu $\underline{a}$.

<u>Proposition 3.1</u>: <u>Sei $\psi \in \mathcal{G}_o(K)$ Test-Charakter zu $\underline{a}$ und K mit einem Erklärungsmodul $\mathfrak{m}$. Dann induziert $\tilde{\psi}$ einen Isomorphismus</u>

$$\bar{\psi} : G(k_o(\underline{a})/K) \xrightarrow{\ \sim\ } \tilde{\psi}(\mathbb{D}^{(\mathfrak{m})})\cdot K^\times/K^\times \quad ,$$

<u>der einem Artin-Symbol $(K/\mathfrak{a})$ mit $(\mathfrak{a},\mathfrak{m}) = 1$ die Klasse $\tilde{\psi}(\mathfrak{a})\cdot K^\times$ zuordnet.</u>

<u>Beweis</u>. Wohldefiniertheit und Injektivität rühren daher, dass für ψ als Test-Charakter $\tilde{\psi}(\ )$ genau dann in K liegt, wenn $\mathfrak{a} \in \mathcal{H}_o(\underline{a})$ ist. Die Surjektivität ist klar.

Falls nun K soviele Einheitswurzeln enthält, dass $K(\tilde{\psi})/K$ eine Kummer-Erweiterung ist, dann liefert der Isomorphismus $\bar{\psi}$ eine Dualität der Galois-Gruppen $G(k_o(a)/K)$ und $G(K(\tilde{\psi})/K)$ vermöge der nicht entarteten Paarung

$$G(k_o(\underline{a})/K) \times G(K(\tilde{\psi})/K) \longrightarrow \mu_K \ , \quad (\sigma_{\mathfrak{a}},\tau) \longmapsto \tilde{\psi}(\mathfrak{a})^{\tau-1} \quad ,$$

also die kanonische Isomorphie

$$G(k_o(\underline{a})/K) \simeq \widehat{G(K(\tilde{\psi})/K)}$$

in diesem Spezialfall. Im allgemeinen ist jedoch nicht einmal klar, ob $K(\tilde{\psi})$ über K Galoissch ist, sodass wir weiter ausholen müssen, um Modulierweiterung und Wertekörper miteinander in Verbindung zu bringen.

Satz 3.2: Sei $\psi \in \mathfrak{J}_o(K)$ Test-Charakter zu $\underline{a}$ und K. Dann ist die Paarung

$$\mathrm{Iso}(K(\tilde{\psi})/K,\mathbb{C}) \times G(k_o(\underline{a})/K) \longrightarrow \mu \ , \quad (\tau,\sigma_{\alpha}) \longmapsto \tilde{\psi}(\alpha)^{\tau-1}$$

in σ_{α} homomorph und definiert eine Bijektion

$$\phi : \mathrm{Iso}(K(\tilde{\psi})/K,\mathbb{C}) \xrightarrow{\sim} \widehat{G(k_o(\underline{a})/K)}, \quad \tau \mapsto (\sigma_{\alpha} \longmapsto \tilde{\psi}(\alpha)^{\tau-1}) \ .$$

Insbesondere gilt $(K(\tilde{\psi}):K) = (k_o(\underline{a}):K)$.

Beweis. Es ist sofort klar, dass ϕ injektiv ist, sodass es genügt, z. B. $(k_o(\underline{a}):K) \leq (K(\tilde{\psi}):K)$ zu zeigen. Dazu wählen wir eine Einheitswurzel ζ derart, dass über $L := K(\zeta)$ die Erweiterung $L(\tilde{\psi})$ Kummersch wird. Wir fixieren einen Erklärungsmodul $\mathfrak{m}$ von ψ und setzen $U := \tilde{\psi}(\mathbb{D}^{(\mathfrak{m})}) \cap L^{\times}$ bzw. $K(U)$ die durch Adjunktion der $u \in U$ entstehende Abelsche Erweiterung von K. Die Behauptung folgt schliesslich aus

Lemma 3.3: Es gilt $(U:U \cap K^{\times}) = (K(U):K)$.

Denn Kummer-Theorie liefert $(L(\tilde{\psi}):L) = (\tilde{\psi}(\mathbb{D}^{(\mathfrak{m})}):U)$, d. h. mit Prop. 3.1

$$(k_o(\underline{a}):K) = (\tilde{\psi}(\mathbb{D}^{(\mathfrak{m})}):U)\cdot(U:U \cap K^{\times}) = (L(\tilde{\psi}):L)\cdot(K(U):K) \ ,$$

also $(k_o(\underline{a}):K) \mid (K(\tilde{\psi}):K)$.

Beweis von Lemma 3.3. Wir betrachten die Paarung

$$U\cdot K^{\times}/K^{\times} \times G(K(U)/K) \to \mu_{K(U)} \ , \quad (\alpha K^{\times},\tau) \mapsto \alpha^{\tau-1} \ .$$

Diese ist homomorph in der ersten Komponente und liefert eine injektive Abbildung $G(K(U)/K) \longrightarrow \widehat{U\cdot K^{\times}/K^{\times}}$, also insbesondere $(K(U):K) \mid (U\cdot K^{\times}:K^{\times})$. Bleibt noch die umgekehrte Teilbarkeitsrelation zu zeigen. Dazu bemerken wir zunächst, dass die obige Paarung in der zweiten Komponente verschränkte Homomorphismen, d. h. 1-Kozykeln definiert, sodass wir einen Homomorphismus

$$U\cdot K^{\times}/K^{\times} \longrightarrow H^1(G(K(U)/K),\mu_{K(U)})$$

erhalten. Dieser ist injektiv, denn für $\alpha = \tilde{\psi}(\ ) \in U$ ist $(\tau \mapsto \alpha^{\tau-1})$ ein 1-Korand genau dann, wenn für geeignetes $\zeta \in \mu_{K(U)}$ und $\beta := \alpha\cdot\zeta$ gilt $\beta^{\tau} = \beta \ \forall\tau$, d.h. $\beta \in K$, $\alpha^{\underline{a}} = (\beta)$, $|\beta|^2 = N\alpha^d$, also $\alpha \in \mathcal{H}_o(\underline{a})$ und somit $\alpha = \tilde{\psi}(\alpha) \in K^{\times}$, da ψ Test-Charakter ist. Damit ist der Beweis des Lemmas reduziert auf

Lemma 3.4: Sei L/K eine endlich Abelsche Erweiterung. Dann gilt:

$$|H^1(G(L/K),\mu_L)| \mid (L:K) \quad .$$

Beweis von Lemma 3.4. Falls $G := G(L/K)$ zyklisch ist, folgt dies sofort aus der Zyklizität von

$$H^1(G,\mu_L) = H^{-1}(G,\mu_L) = {}_{N_G}\mu_L/\mu_L^{I_G}$$

(mit den Standardbezeichnungen der Galois-Kohomologie) und der Tatsache, dass $H^1(G,\mu_L)$ von der Ordnung $|G|$ annulliert wird. Ist nun im allgemeinen Fall $L \geq M \geq K$ mit zyklischem Schritt L/M, so folgt aus der Inflations-Restriktionssequenz

$$0 \longrightarrow H^1(G(M/K),\mu_M) \xrightarrow{\text{Inf}} H^1(G(L/K),\mu_L) \xrightarrow{\text{Res}} H^1(G(L/M),\mu_L)$$

unter Verwendung des bereits gezeigten zyklischen Falls die Abschätzung

$$\frac{|H^1(G(L/K),\mu_L)|}{|H^1(G(M/K),\mu_M)|} \mid (L:M) \quad .$$

Damit folgt schliesslich die Behauptung durch vollständige Induktion nach dem Körpergrad $(L:K)$.

Anmerkung 3.5: In [Rol] wurden Kriterien dafür entwickelt, wann unverzweigte Twists von Grössencharakteren bereits Galois-Konjugierte voneinander sind, um dann das Nichtverschwinden gewisser L-Reihen bei $s = 1$ zu studieren. Der unabhängig davon aufgestellte Satz 3.2 ist jenen Kriterien verwandt, jedoch keine Folgerung daraus.

Während bisher in diesem Abschnitt für einen festen Unendlichtyp $\underline{a} \in \mathfrak{g}_o(K)$ dessen Abweichung von den Hecke-Annullatoren betrachtet wurde, wollen wir nun gewissermassen als globales Pendant den gesamten Quotienten $u(\mathfrak{g}_o(K))/u(\mathfrak{g}_o(K)^K)$ untersuchen. Für einen ganzen Divisor $\mathfrak{m}$ von K bezeichne $\mathfrak{g}_o(K)_{\mathfrak{m}}$ die Gruppe der Grössencharaktere $\psi \in \mathfrak{g}_o(K)$ mit Führer $\mathfrak{f}_\psi | \mathfrak{m}$ und $\mathcal{L}_{\mathfrak{m}}$ bzw. $\hat{\mathcal{L}}_{\mathfrak{m}}$ bezeichne die Strahlklassengruppe modulo $\mathfrak{m}$ von K bzw. deren Charaktergruppe. Nach I.2 ist die Einbettung $u(\mathfrak{g}_o(K)_{\mathfrak{m}}) \longrightarrow u(\mathfrak{g}_o(K))$ für geeignetes $\mathfrak{m}$ (z. B. sind gewisse rationale Primzahlen $p = \mathfrak{m}$ möglich) ein Isomorphismus. Im folgenden sei $\mathfrak{m}$ stets so gewählt. Dann hat man die exakte Sequenz

$$1 \longrightarrow \hat{\mathcal{L}}_{\mathfrak{m}} \longrightarrow \mathfrak{g}_o(K)_{\mathfrak{m}} \xrightarrow{\quad u \quad} u(\mathfrak{g}_o(K)) \longrightarrow 0 \quad . \tag{S}$$

Wir interessieren uns für die Erweiterung $L_{\mathfrak{m}} := K(\mathfrak{g}_o(K)_{\mathfrak{m}})$ von K, die durch Adjunktion der $\tilde{\psi}$-Werte aller $\psi \in \mathfrak{g}_o(K)_{\mathfrak{m}}$ an K entsteht, und für deren Teilkörper $F_{\mathfrak{m}} := K(\hat{\mathcal{L}}_{\mathfrak{m}})$.

Lemma 3.6: $L_{\mathfrak{m}}$ ist Galoissch über $\mathbb{Q}$ und Kummer-Erweiterung von $F_{\mathfrak{m}}$.

Beweis. Sei $\psi \in \mathcal{G}_o(K)_{\mathfrak{m}}$ und $\sigma \in \mathrm{Aut}(\overline{\mathbb{Q}}/\mathbb{Q})$. Dann definiert die Abbildung

$$\tilde{\psi}^\sigma : \mathbb{D}^{(\mathfrak{m})} \longrightarrow \mathbb{C}^\times , \quad \alpha \longmapsto \tilde{\psi}(\alpha)^\sigma$$

ebenfalls einen Grössencharakter in $\mathcal{G}_o(K)_{\mathfrak{m}}$. Da $K/\mathbb{Q}$ normal vorausgesetzt war, folgt die erste Behauptung. Ist N der Exponent der Abelschen Gruppe $\mathcal{L}_{\mathfrak{m}}$, so gilt $F_{\mathfrak{m}} = K(\zeta_N)$ mit einer primitiven N-ten Einheitswurzel ζ_N. Dann gilt für jeden $\tilde{\psi}$-Wert

$$\tilde{\psi}(\alpha)^N = \tilde{\psi}((\alpha)) = \alpha^{u(\psi)} \in K \subseteq F_{\mathfrak{m}}$$

mit einem $\alpha \equiv 1(\mathfrak{m})$, $\alpha \in K$. Also ist $L_{\mathfrak{m}}/F_{\mathfrak{m}}$ Kummersch, und damit ist das Lemma gezeigt.

Betrachten wir nun (S) als G-Modulsequenz für ein $G \leq G(L_{\mathfrak{m}}/K)$, so erhalten wir die exakte Kohomologie-Sequenz

$$1 \longrightarrow \hat{\mathcal{L}}_{\mathfrak{m}}^G \longrightarrow \mathcal{G}_o(K)_{\mathfrak{m}}^G \xrightarrow{u} u(\mathcal{G}_o(K)) \xrightarrow{\delta} H^1(G,\hat{\mathcal{L}}_{\mathfrak{m}}) \longrightarrow H^1(G,\mathcal{G}_o(K)_{\mathfrak{m}}) \longrightarrow 0$$

die bei $H^1(G,u(\mathcal{G}_o(K))) = \mathrm{Hom}(G,u(\mathcal{G}_o(K))) = 0$ abbricht, da $u(\mathcal{G}_o(K))$ freier $\mathbb{Z}$-Modul ist. Nach I. Prop. 2.4 gilt für jeden CM-Körper F mit $L_{\mathfrak{m}} \geq F \geq K$ nach geeigneter Wahl von $\mathfrak{m}$:

$$u(\mathcal{G}_o(K)_{\mathfrak{m}}^{G(L_{\mathfrak{m}}/F)}) = u(\mathcal{G}_o(K)^F)$$

und demnach

Satz 3.7: Für jeden CM-Zwischenkörper F mit $L_{\mathfrak{m}} \geq F \geq K$ und $G := G(L_{\mathfrak{m}}/F)$ hat man die exakte Sequenz

$$0 \longrightarrow u(\mathcal{G}_o(K))/u(\mathcal{G}_o(K)^F) \longrightarrow H^1(G,\hat{\mathcal{L}}_{\mathfrak{m}}) \longrightarrow H^1(G,\mathcal{G}_o(K)_{\mathfrak{m}}) \longrightarrow 0$$

und damit die Indexformel

$$(u(\mathcal{G}_o(K)):u(\mathcal{G}_o(K)^F)) = \frac{|H^1(G,\hat{\mathcal{L}}_{\mathfrak{m}})|}{|H^1(G,\mathcal{G}_o(K)_{\mathfrak{m}})|} .$$

Korollar 3.8: Ist K selbst CM-Körper, so ist der Index der Hecke-Annullatoren gegeben durch

$$(u(\mathcal{G}_o(K)):u(\mathcal{G}_o(K)^K)) = \frac{|H^1(G(L_{\mathfrak{m}}/K),\hat{\mathcal{L}}_{\mathfrak{m}})|}{|H^1(G(L_{\mathfrak{m}}/K),\mathcal{G}_o(K)_{\mathfrak{m}})|}$$

unabhängig von der Wahl von $\mathfrak{m}$.

Korollar 3.9: (Iwasawa, vgl. [I1], S. 105) Man hat eine Einbettung

$$u(\mathfrak{g}_0(K))/u(\mathfrak{g}_0(K)^F) \longrightarrow \mathrm{Hom}(G(L_{\mathfrak{m}}/F_{\mathfrak{m}}),\hat{\mathcal{L}}_{\mathfrak{m}}) ,$$

$$u(\psi) \longmapsto (\tau \longmapsto \psi^{\tau-1})$$

mit $\psi \in \mathfrak{g}_0(K)_{\mathfrak{m}}$ und die hierdurch definierte Paarung

$$u(\mathfrak{g}_0(K))/u(\mathfrak{g}_0(K)^F) \times G(L_{\mathfrak{m}}/F_{\mathfrak{m}}) \longrightarrow \hat{\mathcal{L}}_{\mathfrak{m}},(u(\psi),\tau) \longmapsto \psi^{\tau-1}$$

ist nicht entartet.

Im Spezialfall, dass $K/\mathbb{Q}$ Abelscher CM-Körper ist, können wir die Paarung in Satz 3.2 zur Aufstellung einer Dualität zwischen p-Klassengruppe von K und einer gewissen Kummer-Erweiterung ausnutzen. Falls K eine nichttriviale Einheitswurzel enthält, existiert nach Kor. 2.4 ein Grössencharakter $\psi \in \mathfrak{g}(K)^K$ mit $u(\psi) = s(H)$ für ein Halbsystem H von K. Dabei sei o.B.d.A. $\iota \in H$ und φ ein Test-Charakter zu $\underline{a} := u(\psi)-\iota+\rho = s(\tilde{H})$ wie in Prop. 2.2. Nach Satz 2.3 ist dann $k_0(\underline{a}) = K_M$, also mit Kor. 2.7 und Prop. 3.1 ein Isomorphismus gegeben durch

$$\mathcal{L}_K^- \xrightarrow{\sim} \tilde{\varphi}(\mathbb{D}^{(\mathfrak{f}_\varphi)})\cdot K^\times/K^\times \qquad \text{(modulo 2-Anteil)}.$$

Satz 3.10: Für eine Primzahl $p > 2$ sei $K_\infty = K(\mu_{p^\infty})$ die zyklotomische $\mathbb{Z}_p$-Erweiterung von $K(\zeta_p)$ und $w_K > 2$. Die p-Sylow-Gruppe $\mathcal{L}^-_{(p)}$ von $\mathcal{L}_K^-$ werde von p^n annulliert. Dann ist mit $K_n := K(\zeta_{p^n})$ die bilineare Paarung von p-Sylow-Gruppen

$$\mathcal{L}^-_{(p)} \times G(K_n(\varphi)/K_n)_p \longrightarrow \mu_{p^n} , \quad (\alpha\mathbb{H},\sigma_{\mathfrak{q}}) \longmapsto (\tilde{\varphi}(\alpha)^{p^n}/\mathfrak{q})_{p^n}$$

nicht entartet. Insbesondere gilt

$$\mathcal{L}^-_{(p)} \simeq \widehat{G(K_\infty(\varphi)/K_\infty)_p} \quad (\simeq \widehat{G(K_n(\varphi)/K_n)_p}) .$$

Beweis. Dass die Paarung bei $G(K_n(\varphi)/K_n)$ nur trivialen Kern hat, folgt sofort aus der üblichen Beschreibung der Galois-Operation der Kummer-Erweiterung $K_n(\varphi)/K_n$ mit Hilfe des Potenzrestsymbols

$$\tilde{\varphi}(\alpha)^{\sigma_{\mathfrak{q}}-1} = (\tilde{\varphi}(\alpha)^{p^n}/\mathfrak{q})_{p^n} .$$

Sei nun $\tilde{\varphi}(\alpha)^{\sigma-1} = 1$ für alle $\sigma = \sigma_{\mathfrak{q}} \in G(K_n(\varphi)/K_n)_p$, d. h. $\tilde{\varphi}(\alpha) \in K_n$, also $\alpha^{\underline{a}} \in \mathbb{H}_{K_n}$. Die Galois-Gruppe $G(K_n/K)$ ist zyklisch und ihre p-Sylow-Gruppe ist $G(K_n/K_1)$. Wie in [I2], S. 267 hat man eine Einbettung

$$\mathrm{Kern}(\mathcal{L}_{(p)} \longrightarrow \mathcal{L}_{(p)}(K_n)) \hookrightarrow H^1(G(K_n/K),E_{K_n}) ,$$

die jeder Klasse $\mathfrak{a}\mathbb{H}$ mit $\mathfrak{a} = (\alpha_n) \in \mathbb{H}_{K_n}$ einen 1-Kozykel $(\sigma \longrightarrow \alpha_n^{\sigma-1})$ zuordnet. Der Übergang zu den (-1)-Eigenräumen geschieht wegen $p > 2$ durch Potenzieren mit $1-\rho$ und liefert dann eine Einbettung

$$\mathrm{Kern}(\mathcal{L}_{(p)}^- \longrightarrow \mathcal{L}_{(p)}(K_n)^-) \hookrightarrow H^1(G(K_n/K_1), \mu_{p^n})$$

in eine Kohomologiegruppe, die trivial ist, wie man leicht sieht. Demnach ist die kanonische Abbildung $\mathcal{L}_{(p)}^- \longrightarrow \mathcal{L}_{(p)}(K_n)^-$ injektiv, also $\tilde{\varphi}(\mathfrak{a}) \cong \alpha$ mit $\alpha \in K^\times$. Setzen wir $\eta := N\mathfrak{a}/|\alpha|^2$ in $E_K \cap \mathbb{R}_{>0}$, so gilt für $\mathfrak{b} := \mathfrak{a}^2$

$$\mathfrak{b}^{\underline{a}} = (\alpha^2\eta) \ , \ N\mathfrak{b} = |\alpha^2 \cdot \eta|^2 \quad ,$$

d. h. $\tilde{\varphi}(\mathfrak{a}^2) \in K^\times$, also wegen $\mathfrak{a}\mathbb{H} \in \mathcal{L}_{(p)}$ sogar $\tilde{\varphi}(\mathfrak{a}) \in K^\times$ und damit $\mathfrak{a}\mathbb{H} = \mathbb{H}$ in $\mathcal{L}_K^-$. Dies zeigt, dass die Paarung auch bei $\mathcal{L}_{(p)}^-$ trivialen Kern hat. Da die Paarung auch für jede höhere Potenz als p^n nicht entartet, können wir o.B.d.A. zum projektiven Limes der Galois-Gruppen übergehen und erhalten so die letzte Behauptung des Satzes.

Zum Schluss dieses Abschnitts wollen wir eine geometrische Interpretation der Dualität zwischen Modulikörper und Wertekörper skizzieren. Dazu sei (K,H) ein CM-Typ mit $K/\mathbb{Q}$ normal und $k = k_o(s(H^{-1}))$ die Modulierweiterung zu $\underline{a} := s(H^{-1})$ über K. Ferner sei $\psi \in \mathcal{G}_o(K)$ ein Test-Charakter zu $\underline{a}$ und K, also $\varphi := \psi \circ N_{k/K} \in \mathcal{G}_o(k)$ der Grössencharakter einer CM-Varietät (A,Θ) vom Typ (K,H) definiert über k. Wir wollen ferner annehmen, dass die Hauptordnung $\mathcal{O}$ von K in $\mathrm{End}(A)$ liegt, d. h. genauer $\Theta(\mathcal{O}) \subseteq \mathrm{End}(A)$. Dann lassen sich dieser Situation auf zwei verschiedenen Wegen CM-Varietäten über K zuweisen.

1. <u>Skalarrestriktion</u> : Es existiert eine Abelsche Varietät $B := \mathrm{Res}_{k/K}(A)$, definiert über K, derart, dass ein k-Isomorphismus

$$P := \prod_\sigma A^\sigma \xrightarrow[\mu]{\sim} B$$

mit dem Produkt der konjugierten Varietäten A^σ existiert, wobei σ die Körperautomorphismen in $G(k/K)$ durchläuft. Ferner gilt für $\tau \in G(k/K)$: $\mu^\tau \circ \pi_\tau = \mu$ mit

$$\pi_\tau : P \longrightarrow P^\tau \quad , \quad (a_{\sigma_1},\ldots,a_{\sigma_r}) \longrightarrow (a_{\sigma_1\tau},\ldots,a_{\sigma_r\tau})$$

(vgl. [W5]).

<u>Satz 3.11</u>: $B = \mathrm{Res}_{k/K}(A)$ <u>hat eine komplexe Multiplikation</u> $\Phi_B : K(\psi) \longrightarrow \mathrm{End}(B) \otimes \mathbb{Q}$, <u>und</u> (B,Φ_B) <u>ist vom CM-Typ</u>

$$(K(\tilde{\psi}),\tilde{H}) := \mathrm{ind}_{K(\tilde{\psi})}(K,H) \quad .$$

<u>Die komplexe Multiplikation ist wie</u> B <u>über</u> K <u>definiert</u>.

Beweis. Die später durchgeführte Konstruktion eines gewissen Teilrings $R \leq \mathrm{End}(P)$ mit $R \otimes \mathbb{Q} \simeq K(\tilde{\psi}) = K(\psi)$ beruht auf

Lemma 3.12: Zu jedem Idel $z \in I_K$ mit zugehörigem Ideal $\mathrm{Id}(z) \leq \mathcal{O}$ existiert eine k-Isogenie

$$\lambda_z : (A,\Theta) \longrightarrow (A^{[z,K]}, \Theta^{[z,K]})$$

mit den Eigenschaften

a) $\lambda_{z_2}^{[z_1,K]} \cdot \lambda_{z_1} = \lambda_{z_1 z_2}$ für $z_1, z_2 \in I_K$,

b) $\lambda_{(\gamma)} = \theta(\gamma^{\underline{a}})$ für Hauptidele (γ) zu $\gamma \in \mathcal{O} \setminus \{0\}$,

c) $\lambda_z = \theta(\psi(z_o))$ für $z \in N_{k/K}(I_k)$, wobei $z = z_o \cdot z_\infty$ in $I_K = I_o \cdot I_\infty$.

Beweis. Wegen $\theta(\mathcal{O}) \subseteq \mathrm{End}(A)$ gibt es eine analytische Darstellung

$$0 \longrightarrow \mathfrak{m} \xrightarrow{\;\check{u}\;} \mathbb{C}^g \xrightarrow{\;\omega_1\;} A \longrightarrow 0$$

mit einem (gebrochenen) Ideal $\mathfrak{m}$ von $\mathcal{O}$. Nach dem Hauptsatz der komplexen Multiplikation [S-T] , Theor. 5.15 hat A^σ für $\sigma = [z,K]$ eine analytische Darstellung

$$0 \longrightarrow f(z)^{-1}\mathfrak{m} \xrightarrow{\;\check{u}\;} \mathbb{C}^g \xrightarrow{\;\omega_z\;} A^\sigma \longrightarrow 0$$

mit $f(z) = \prod_{\tau \in H^{-1}} z^\tau$, und es gilt für $v \in K$

$$\omega_1(\check{u}(v))^\sigma = \omega_z(\check{u}(f(z)^{-1} \cdot v)) \quad .$$

Wir definieren nun die gesuchte Isogenie λ_z durch das Diagramm

$$\begin{array}{ccccccccc} 0 & \longrightarrow & \mathfrak{m} & \xrightarrow{\;\check{u}\;} & \mathbb{C}^g & \xrightarrow{\;\omega_1\;} & A & \longrightarrow & 0 \\ & & \downarrow \mathrm{id} & & \downarrow \mathrm{id} & & \downarrow \lambda_z & & \\ 0 & \longrightarrow & f(z)^{-1}\mathfrak{m} & \xrightarrow{\;\check{u}\;} & \mathbb{C}^g & \xrightarrow{\;\omega_z\;} & A^\sigma & \longrightarrow & 0 \end{array} \quad .$$

Man sieht sofort aus dem Hauptsatz der komplexen Multiplikation, dass λ_z über k definiert ist und dass für $\alpha \in \mathcal{O}$ gilt

$$\lambda_z \cdot \theta(\alpha) = \theta(\alpha)^\sigma \cdot \lambda_z \quad .$$

Darüberhinaus folgt

$$\lambda_{z_2}^{[z_1,K]} \lambda_{z_1} \omega_1(\check{u}(v)) = \lambda_{z_2}(\omega_1(\check{u}(f(z_1) \cdot v)))^{[z_1,K]}$$

$$= \omega_1(\check{u}(f(z_1 \cdot z_2) \cdot v))^{[z_1 z_2, K]} = \omega_{z_1 z_2}(\check{u}(v))$$

$$= \lambda_{z_1 z_2}\omega_1(\check{\mathcal{U}}(v)) \quad ,$$

also die Behauptung a) des Lemmas. Entsprechend ergibt sich wegen $[(\gamma),K] = \mathrm{id}$ für $\gamma \in \mathcal{O}$:

$$\lambda_{(\gamma)}\omega_1(\check{\mathcal{U}}(v)) = \omega_{(\gamma)}(\check{\mathcal{U}}(v)) = \omega_1(\check{\mathcal{U}}(f(\gamma)\cdot v))$$

$$= \omega_1(\check{\mathcal{U}}(\gamma^{\underline{a}}\cdot v)) = \Theta(\gamma^{\underline{a}})\omega_1(\check{\mathcal{U}}(v)) \quad ,$$

also Formel b). Ist schliesslich $z = N_{k/K}(s)$, so gilt

$$\omega_1(\check{\mathcal{U}}(v))^{[z,K]} = \omega_1(\check{\mathcal{U}}(v))^{[s,k]} = \omega_1(\check{\mathcal{U}}(\varphi(s_o)\cdot h(s_o)^{-1}\cdot v))$$

$$= \omega_z(\check{\mathcal{U}}(f(N_{k/K}(s_o))^{-1}\cdot v)) = \lambda_z\omega_1(\check{\mathcal{U}}(h(s_o)^{-1}\cdot v)) \quad ,$$

also $\lambda_z = \Theta(\varphi(s_o)) = \Theta(\psi(z_o))$, womit das Lemma gezeigt ist.

Nun können wir im Beweis des Satzes fortfahren. Wir betrachten für jedes Idel z mit $\mathrm{Id}(z) \leq \mathcal{O}$ und $\sigma_z := [z,K]_{|k}$ die Einbettung

$$J_z : \mathcal{O} \longrightarrow \mathrm{End}(P), \quad \alpha \longmapsto J_z(\alpha) := \pi_{\sigma_z}^{-1} \prod_{\tau\in G(k/K)} (\lambda_z\circ\Theta(\alpha))^{\tau} \quad .$$

Mit Lemma 3.12 a) folgt sofort die Identität

$$J_y(\alpha)J_z(\beta) = J_{yz}(\alpha\beta) \quad ,$$

sodass nach Identifikation von $\mathcal{O}$ mit $J_1(\mathcal{O})$ durch

$$R := \mathcal{O}[J_z(1) \ ; \ z \in I_K \ , \ \mathrm{Id}(z) \leq \mathcal{O}]$$

eine kommutative $\mathcal{O}$-Algebra in $\mathrm{End}(P)$ definiert wird. Zu Vertretern $\mathfrak{a}_1,\ldots,\mathfrak{a}_r \leq \mathcal{O}$ von $\mathbb{D}/\mathcal{H}$ mit o.B.d.A. $(\mathfrak{a}_i,\mathfrak{f}_\psi) = 1$ wähle man Idele $z_1,\ldots,z_r \in I(\mathfrak{f}_\psi)$ mit $\mathrm{Id}(z_i) = \mathfrak{a}_i$. Dann gilt $\psi(z_i) = \widetilde{\psi}(\mathfrak{a}_i)$, und $\{\psi(z_1),\ldots,\psi(z_r)\}$ ist K-Basis von $K(\psi)/K$ nach Satz 3.2. Wir können also einen K-Vektorraum-Homomorphismus durch

$$\Phi \ : K(\psi) \longrightarrow R\otimes\mathbb{Q} \ , \quad \psi(z_i) \longmapsto J_{z_i}(1)$$

definieren. Mit Lemma 3.12 b) und c) rechnet man leicht nach, dass Φ sogar Ringhomomorphismus, also wegen der offensichtlichen Surjektivität ein Isomorphismus ist. Somit ist (P,Φ) CM-Varietät eines Typs $(K(\widetilde{\psi}),\widetilde{H})$. Wegen $\Phi|_K = J_1 \sim \Theta$ folgt $(K(\widetilde{\psi}),\widetilde{H}) = \mathrm{ind}_{K(\widetilde{\psi})}(K,H)$. Über den k-Isomorphismus $\mu : P \xrightarrow{\sim} B$ erhält auch B komplexe Multiplikation mit $K(\psi)$:

$$\Phi_B \ : K(\psi) \longrightarrow \mathrm{End}(B)\otimes\mathbb{Q}, \quad \alpha \longmapsto \mu\cdot\Phi(\alpha)\cdot\mu^{-1} \quad .$$

Um zu zeigen, dass (B,Φ_B) über K definiert ist, genügt es,

$$(\mu\cdot J_z(\alpha)\cdot\mu^{-1})^{\tau} = \mu\cdot J_z(\alpha)\cdot\mu^{-1}$$

für $\tau \in G(k/K)$, $z \in I_K$ und $\alpha \in \mathcal{O}$ nachzuweisen. Wegen der Kozyklenidentität der μ^{τ} ist dies äquivalent zu

$$\pi_{\tau}^{-1}\, J_z(\alpha)\pi_{\tau} = J_z(\alpha) \qquad ,$$

was man auf P leicht verifiziert. Dies schliesst den Beweis von Satz 3.11 ab.

Korollar 3.13: Der Grössencharakter ψ_1 von K zu (B,Φ_B) hat die Eigenschaft $\varphi = \psi_1\circ N_{k/K}$, d. h. er unterscheidet sich von ψ nur um einen unverzweigten Charakter (endlicher Ordnung) von $\mathbb{D}/\mathcal{H} = I_K/N_{k/K}(I_k)\cdot K^{\times}$.

Beweis. Es genügt zu zeigen, dass φ der Grössencharakter von (P,Φ) über dem Definitionskörper k ist. Mit den Idelen z_i aus dem Beweis des Satzes sei

$$\varphi : K^r \longrightarrow K(\psi), \quad (\alpha_1,\dots,\alpha_r) \longmapsto \sum_{i=1}^{r} \alpha_i\cdot\psi(z_i)$$

und

$$\mathfrak{M} := \varphi\,\Big(\prod_{i=1}^{r} \quad f(z_i)^{-1}\mathfrak{m}\Big) \qquad .$$

Hierdurch erhalten wir eine analytische Darstellung von (P,Φ) aus der oberen Hälfte des folgende Diagramms.

$$\begin{array}{ccccccccc}
0 & \longrightarrow & \mathfrak{M} & \xrightarrow{u'} & \mathbb{C}^{gr} & \xrightarrow{\omega'} & P & \longrightarrow & 0 \\
 & & \uparrow{\scriptstyle\varphi} & & \uparrow & & \uparrow{\scriptstyle id} & & \\
0 & \longrightarrow & \prod_i f(z_i)^{-1}\mathfrak{m} & \longrightarrow & \mathbb{C}^{gr} & \xrightarrow{\prod \omega_{z_i}} & P & \longrightarrow & 0 \\
 & & \uparrow{\scriptstyle id} & & \uparrow{\scriptstyle id} & & \uparrow{\scriptstyle \lambda = \prod_i \lambda_{z_i}} & & \\
0 & \longrightarrow & \mathfrak{m}^r & \longrightarrow & \mathbb{C}^{gr} & \xrightarrow{\omega_1\times\dots\times\omega_1} & A^r & \longrightarrow & 0
\end{array}$$

Das volle Diagramm besagt mit den Bezeichnungen von II. Lemma 3.3, dass gilt

$$(P,\Phi) \underset{k}{\simeq} (A^r,\Theta_r) \qquad ,$$

oder dass (P,Φ) k-Induzierte von (A,Θ) ist und somit denselben Grössencharakter φ hat wie (A,Θ) .

2. Die Basisvarietät zu ψ . Die zweite Methode, der Ausgangssituation eine CM-Varietät über K zuzuweisen, lässt sich kurz abhandeln. Bezeichnet (K'',H'') das Bidual zu (K,H), so existiert nach II.3 eine Basisvarietät (A_1,Θ_1), definiert über K vom Typ $\mathrm{ind}_{K''(\psi)}(K'',H'')$, deren Grössencharakter ψ ist. Mit der

Technik von II. Lemma 3.3 erhält man für die Erweiterung $K(\psi)/K''(\psi)$ eine CM-Varietät $(A_1^N, \Theta_{1,N})$, definiert über K und vom Typ

$$\mathrm{ind}_{K(\psi)}(K'',H'') = \mathrm{ind}_{K(\psi)}(K,H) \quad ,$$

die ebenfalls ψ als Grössencharakter besitzt. Nach Kor. 3.13 gibt es dann eine Wahl von ψ in der Ausgangssituation mit $\varphi = \psi \circ N_{k/K}$ derart, dass gilt

$$(A_1^N, \Theta_{1,N}) \underset{K}{\sim} (B, \Phi_B) \quad .$$

VI. DIE CM-VARIETÄTEN DER FERMAT-JACOBISCHEN

1. Der grobe Zerfall der Fermat-Jacobischen

Wir betrachten die Fermat-Kurve

$$F(m) := \{(X:Y:Z) \in \mathbb{P}^2(\mathbb{C}) \; ; \; X^m + Y^m = Z^m\}$$

für $m \in \mathbb{N}$, $m \not\equiv 2(4)$. Nach der Hurwitzschen Relativgeschlechtsformel berechnet man leicht das Geschlecht von $F(m)$ als $g = (m-1)(m-2)/2$. Eine ausgezeichnete Basis des Vektorraums der holomorphen Differentiale von $F(m)$ ist gegeben durch

$$\{\eta_{r,s} \; ; \; 0 < r,s < m, \; r+s < m\} \quad ,$$

wobei für $r, s \in \mathbb{N}$

$$\eta_{r,s} := x^{r-1} y^{s-m} dx$$

gesetzt ist. Fixieren wir eine primitive m-te Einheitswurzel $\zeta = \zeta_m$, so bilden die $\eta_{r,s}$ unter den Automorphismen

$$\phi_{j,k} : F(m) \longrightarrow F(m) \; , \quad (x:y:1) \longrightarrow (\zeta^j \cdot x : \zeta^k \cdot y : 1)$$

für j,k mod m Eigenformen, d.h. es gilt genauer:

$$\phi_{j,k}(\eta_{r,s}) = \zeta^{rj+sk} \cdot \eta_{r,s} \quad .$$

Wir identifizieren die Jacobische $J(m)$ von $F(m)$ mit dem komplexen Torus $\mathbb{C}^g/\Omega$, wobei Ω das Periodengitter

$$\Omega := \{(\ldots, \int_\omega \eta_{r,s}, \ldots)_{r,s} \; ; \; \omega \in H_1(F(m), \mathbb{Z})\}$$

bezeichnet. Zeichnen wir etwa den Punkt $P_o = (0:1:1)$ in $F(m)[\mathbb{Q}]$ aus, so erhalten wir die kanonische Abbildung

$$\varphi : F(m) \longrightarrow J(m),\ P \longmapsto (\ldots, \int_{P_o}^{P} \eta_{r,s}, \ldots) \bmod \Omega \ ,$$

die einen Morphismus von algebraischen Varietäten darstellt und als solcher wie $F(m)$ und $J(m)$ über $\mathbb{Q}$ definiert ist [C]. Ferner existiert zu jedem Automorphismus ϕ der Kurve genau ein Automorphismus λ der Jacobischen und ein Punkt $C \in J(m)$ derart, dass gilt:

$$\varphi \circ \phi(P) = \lambda \circ \varphi(P) + C \qquad \text{für alle } P \, .$$

Ist ϕ über einem Zahlkörper K definiert, so ist wegen der $\mathbb{Q}$-Rationalität von $F(m)$, $J(m)$ und φ auch λ über K definiert (vgl. [W1], Theor. 21). Wegen der Identität

$$\varphi \circ \phi_{j,k}(P) = (\ldots, \zeta^{rj+sk} \int_{P_o}^{P} \eta_{r,s}, \ldots) \bmod \Omega + C_{j,k}$$

mit gewissen Punkten $C_{j,k} \in J(m)$ haben wir Automorphismen $\lambda_{j,k}$ der Jacobischen der Gestalt

$$\lambda_{j,k} : (\ldots, z_{r,s}, \ldots) \bmod \Omega \longmapsto (\ldots, \zeta^{rj+sk} \cdot z_{r,s}, \ldots) \bmod \Omega$$

und die $\lambda_{j,k}$ sind alle über $\mathbb{Q}^{(m)} = \mathbb{Q}(\zeta)$ definiert. Offenbar bildet die Zuordnung $(j,k) \longmapsto \lambda_{j,k}$ einen Homomorphismus von

$$\Gamma_m := \mathbb{Z}/m\mathbb{Z} \times \mathbb{Z}/m\mathbb{Z}$$

in $\mathrm{Aut}(J(m))$, sodass wir $J(m)$ als Modul über dem Gruppenring $\mathbb{Z}[\Gamma_m]$ auffassen können. Zu jedem Charakter $\chi_{a,b} \in \hat{\Gamma}_m$ mit $\chi_{a,b}(j,k) := \zeta^{aj+bk}$ bilden wir das rational irreduzible Idempotent

$$e_{\tilde{\chi}_{a,b}} := m^{-2} \sum_{(j,k) \in \Gamma_m} Sp(\chi_{a,b}(j,k)) \cdot (j,k) \in \mathbb{Q}[\Gamma_m] \ ,$$

wobei Sp die Absolutspur des Wertekörpers $\mathbb{Q}(\chi_{a,b})/\mathbb{Q}$ bezeichnet. Das Idempotent hängt nur ab von der Abteilung $\tilde{\chi}_{a,b}$, d. h. der $\mathbb{Q}$-Konjugiertenklasse von $\chi_{a,b}$.

<u>Lemma 1.1</u>: <u>Der von</u> $m^2 \cdot e_{\tilde{\chi}_{a,b}}$ <u>auf</u> $J(m)$ <u>induzierte Endomorphismus</u>

$$pr_{a,b} := \sum_{(j,k) \in \Gamma_m} Sp(\chi_{a,b}(j,k)) \cdot \lambda_{j,k}$$

<u>ist über</u> $\mathbb{Q}$ <u>definiert</u>.

<u>Beweis</u>. Da alle $\lambda_{j,k}$ über $\mathbb{Q}^{(m)}$ definiert sind, genügt es, $pr_{a,b}^{\sigma_t}$ für ein

$\sigma_t \in G(\mathbb{Q}^{(m)}/\mathbb{Q})$ mit $\zeta^{\sigma_t} = \zeta^t$ für ein t mod m mit $(t,m) = 1$ zu betrachten. Man sieht leicht, dass $\phi_{j,k}^{\sigma_t} = \phi_{tj,tk}$ gilt, sodass aus der $\mathbb{Q}$-Rationalität von φ folgt

$$\varphi \circ \phi_{tj,tk} = \lambda_{j,k}^{\sigma_t} \circ \varphi + C_{j,k}^{\sigma_t}$$

$$= \lambda_{tj,tk} \circ \varphi + C_{tj,tk} \quad ,$$

also wegen der Eindeutigkeit der λ schliesslich $\lambda_{j,k}^{\sigma_t} = \lambda_{tj,tk}$ oder $\lambda_{j,k}^{\sigma_t} = \lambda_{j,k}^t$. Da

$$Sp(\chi_{a,b}(j,k)) = Sp(\chi_{a,b}(tj,tk))$$

ist, folgt $pr_{a,b}^{\sigma_t} = pr_{a,b}$ und damit die Behauptung des Lemmas. Damit haben wir auch bereits

Satz 1.2: Die Zerlegung der Isogenie

$$m^2 = \sum_{(a,b)} pr_{a,b} \in End(J(m)) \quad ,$$

wobei sich die Summe über ein Vertretersystem V der Bahnen bei der Operation von $(\mathbb{Z}/m\mathbb{Z})^\times$ auf Γ_m erstreckt, liefert über $\mathbb{Q}$ einen isogenen Zerfall der Fermat-Jacobischen $J(m)$ in das direkte Produkt der Abelschen Varietäten $A_{a,b} := pr_{a,b}(J(m))$

$$J(m) \underset{\mathbb{Q}}{\sim} \prod_{(a,b)\in V} A_{a,b} \quad .$$

Wir wollen nun die Abelschen Varietäten $A_{a,b}$ genauer betrachten. Für jeden Charakter χ in der Abteilung $\tilde{\chi}_{a,b}$ haben wir einen kanonischen Isomorphismus

$$\pi_\chi : e_{\tilde{\chi}} \mathbb{Q}[\Gamma_m] \longrightarrow \mathbb{Q}(\chi)$$

$$\sum_{(j,k)\in\Gamma_m} r_{j,k}\cdot(j,k) \longmapsto \sum_{(j,k)\in\Gamma_m} r_{j,k}\cdot\chi(j,k) \quad ,$$

sodass wir über die Umkehrabbildung π_χ^{-1} entweder eine Einbettung

$$\Theta_{a,b} : \mathbb{Q}(\chi_{a,b}) \longrightarrow End(A_{a,b}) \otimes \mathbb{Q}$$

erhalten oder aber $A_{a,b} = 0$ ist.

Lemma 1.3: Zu $a,b \not\equiv 0(m)$ sei $m_{a,b} := m/(a,b,m)$ die Ordnung des Charakters $\chi_{a,b}$. Ferner sei

$$\mathcal{H}_{a,b} := \{u \in (\mathbb{Z}/m_{a,b}\mathbb{Z})^\times \ ; <-ua/m> + <-ub/m> < 1\} \quad .$$

Dann gilt

$$pr_{a,b}((\ldots,z_{r,s},\ldots) \bmod \Omega)$$

$$= \sum_{u\in\mathcal{H}_{a,b}} (\ldots,0,m^2\cdot z_{r_m(-ua),r_m(-ub)},0,\ldots) \bmod \Omega$$

wobei für $x \bmod m$ stets $r_m(x) = m\cdot< x/m >$ den kleinsten, nicht negativen Rest von x modulo m bezeichnet.

Beweis. Aus der expliziten Formel für die $\lambda_{j,k}$ folgt sofort

$$pr_{a,b}((\ldots,z_{r,s},\ldots) \bmod \Omega)$$

$$= \sum_{(j,k)\in\Gamma_m} Sp(\chi_{a,b}(j,k))\cdot(\ldots,\zeta^{rj+sk}z_{r,s},\ldots) \bmod \Omega \quad .$$

Dies liefert bei $z_{r,s}$ den Faktor

$$\sum_{(j,k)\in\Gamma_m} Sp(\chi_{a,b}(j,k))\cdot\chi_{r,s}(j,k) = \begin{cases} m^2 & \text{für } \chi_{r,s}^{-1}\in\tilde{\chi}_{a,b}\,, \\ 0 & \text{sonst.} \end{cases}$$

Da $\tilde{\chi}_{-r,-s} = \tilde{\chi}_{a,b}$ genau dann ist, wenn für ein $u \in (\mathbb{Z}/m_{a,b}\mathbb{Z})^\times$ gilt $(r,s) = (-ua,-ub)$ in Γ_m, folgt die Behauptung des Lemmas. Da $\mathcal{H}_{a,b}$ nur für $a+b \equiv 0(m)$ leer ist, sieht man aus letzterem auch gleich

Folgerung 1.4: Für alle $a \bmod m$ ist

$$A_{a,-a} = A_{a,0} = A_{0,a} = 0 \quad .$$

Für $a,b \not\equiv 0(m)$ mit $a+b \not\equiv 0(m)$ ist

$$\dim(A_{a,b}) = |\mathcal{H}_{a,b}| = \tfrac{1}{2}\varphi(m_{a,b}) \quad .$$

$\mathcal{H}_{a,b}$ ist ein Halbsystem bzgl. $-1 \bmod m_{a,b}$. Wir setzen in $G(\mathbb{Q}^{(m_{a,b})}/\mathbb{Q})$

$$H_{a,b} := \{\sigma_u \,;\, u \in \mathcal{H}_{a,b}\} \quad .$$

Satz 1.5: Für $a,b \not\equiv 0(m)$ mit $a+b \not\equiv 0(m)$ sind die Faktoren $A_{a,b}$ der Fermat-Jacobischen Abelsche Varietäten mit komplexer Multiplikation durch

$$\Theta_{a,b} : \mathbb{Q}(\chi_{a,b}) \longrightarrow \mathrm{End}(A_{a,b}) \otimes \mathbb{Q} \quad .$$

Dabei ist die CM-Varietät $(A_{a,b},\Theta_{a,b})$ über $\mathbb{Q}^{(m)}$ definiert, sodass der zugehörige

<u>Grössencharakter</u> $\psi_{a,b}$ <u>von</u> $\mathbb{Q}^{(m)}$ <u>als Divisorcharakter</u> $\mathbb{Q}^{(m_{a,b})}$<u>-wertig ist</u>. <u>Der</u> CM-<u>Typ von</u> $(A_{a,b}, \Theta_{a,b})$ <u>ist</u> $(\mathbb{Q}^{(m_{a,b})}, \sigma_{-1}\cdot H_{a,b})$ <u>und</u> $\psi_{a,b}$ <u>hat den Unendlichtyp</u>

$$u(\psi_{a,b}) = \operatorname{cor}^{\mathbb{Q}^{(m)}}_{\mathbb{Q}^{(m_{a,b})}} s(\sigma_{-1}\cdot H^{-1}_{a,b}) \quad .$$

<u>Beweis</u>. Nach Folg. 1.4 muss $\Theta_{a,b}$ Einbettung sein, und es folgt weiter

$$(\mathbb{Q}(\chi_{a,b}):\mathbb{Q}) = 2\cdot\dim(A_{a,b}) \quad ,$$

sodass eine CM-Varietät vorliegt. Da sämtliche $\lambda_{j,k}$ über $\mathbb{Q}^{(m)}$ definiert sind, ist auch jeder Endomorphismus in $\Theta_{a,b}(\mathbb{Q}(\chi_{a,b}))$ $\mathbb{Q}^{(m)}$-rational, sodass nach den Sätzen der komplexen Multiplikation $\widetilde{\psi}_{a,b}$ einen $\mathbb{Q}^{(m)}$-wertigen Divisorcharakter von $\mathbb{Q}^{(m)}$ ergibt. Die explizite Formel für $\lambda_{j,k}$ liefert für $\Theta_{a,b}(m^2\cdot\zeta^{aj+bk}) = pr_{a,b}\cdot\lambda_{j,k}$:

$$\lambda_{j,k}\cdot pr_{a,b}((\ldots,z_{r,s},\ldots)\bmod \Omega)$$

$$= \sum_{\sigma_u\in H_{a,b}} (\ldots,0,m^2\cdot\sigma_{-u}(\zeta^{aj+bk})\cdot z_{r_m(-ua),r_m(-ub)},0,\ldots) \bmod \Omega \ ,$$

woraus man unmittelbar den CM-Typ, also auch $u(\psi_{a,b})$ abliest. Damit ist der Satz gezeigt.

Ein Vergleich mit dem Abschnitt I.4 über Jacobi-Summen zeigt

<u>Korollar 1.6</u>: $u(\psi_{a,b}) = u(\omega_{a,b})$.

Wir haben somit unabhängig von Jacobi-Summen und Stickelbergerschem Satz auf geometrischem Wege nochmals gezeigt, dass für $K = \mathbb{Q}^{(m)}$ und dessen Stickelberger-Ideal S_K gilt :

$$S_K \subseteq u(\mathcal{J}_0(K)^K) \quad .$$

Im Spezialfall der Kurve $Y^2 = 1 - X^\ell$ für primes ℓ wurde in [S-T], 15.4 auf diesem Wege gezeigt, dass gewisse Stickelberger-Elemente die Klassengruppe von $\mathbb{Q}^{(\ell)}$ annullieren. Ein anderer Beweis für den isogenen Zerfall von $J(m)$ in CM-Varietäten findet man skizziert in [Ro2] . Wir werden später noch auf eventuelles weiteres Zerfallen der Faktoren $A_{a,b}$ näher eingehen.

2. <u>Die Zetafunktion</u>

Für jeden Primdivisor $\mathfrak{p}\nmid m$ von $\mathbb{Q}^{(m)}$ mit $N\mathfrak{p} = q = p^f$ $(\equiv 1(m))$ betrachten wir die mod $\mathfrak{p}$ reduzierte Fermat-Kurve $\overline{F}$ über dem Definitionskörper $\mathbb{F}_q$. Bezeichnet N_ν für $\nu \in \mathbb{N}$ die Anzahl der $\mathbb{F}_{q^\nu}$-rationalen Punkte auf $\overline{F}$, so lässt sich die lokale Zetafunktion $Z_{\mathfrak{p}}(N\mathfrak{p}^{-s})$ von $F(m)$ definieren durch

$$\log Z_{\mathfrak{p}}(U) = \sum_{\nu=1}^{\infty} N_\nu \cdot U^\nu/\nu \quad .$$

Wir wollen $Z_{\mathfrak{p}}(U)$ nach [W3] kanonisch in L-Funktionen zerlegen. Für eine Primzahl $\ell \nmid mp$ sei V_ℓ der $\mathbb{Q}_\ell$- Vektorraum zum Tate-Modul $T_\ell(J(\overline{F}))$ der Jacobischen von $\overline{F}$. Ferner sei f der vom Frobenius-Endomorphismus der Kurve $\overline{F}$ induzierte Vektorraumautomorphismus von V_ℓ. Ein Spezialfall der Lefschetzschen Fixpunktformel besagt

$$\mathrm{Spur}(f^\nu) = 1 + q^\nu - N_\nu \quad ,$$

sodass mit der formalen Potenzreihenidentität

$$\exp\Big(\sum_{\nu=1}^{\infty} \mathrm{Spur}(f^\nu \mid V_\ell)\cdot U^\nu/\nu\Big) = \det(1-f\cdot U \mid V_\ell)^{-1}$$

folgt :

$$Z_{\mathfrak{p}}(U) = \det(1-f\cdot U \mid V_\ell)/((1-U)(1-qU)) \quad .$$

Falls $\mathfrak{p}$ nicht in einer gewissen Menge von Ausnahmeprimdivisoren liegt, können wir den globalen Tate-Modul $T_\ell(J(m))$ mit $T_\ell(J(\overline{F}))$ identifizieren und insbesondere die Zerlegung aus Satz 1.2 wiederfinden über die $\mathbb{Z}[\Gamma_m]$-Operation auf $T_\ell(J(\overline{F}))$. Wegen $\ell \nmid m$ operiert sogar

$$\sum_{\text{alle } \tilde{\chi}} e_{\tilde{\chi}} \mathbb{Z}[\Gamma_m] \quad .$$

Wegen $q \equiv 1(m)$ vertauscht der Frobenius-Endomomorphismus von $\overline{F}$ mit den Automorphismen $\overline{\phi}_{j,k}$ von $\overline{F}$; also vertauschen auch die entsprechenden Automorphismen $\overline{\lambda}_{j,k}$ der Jacobischen und somit auch f mit der Γ_m-Operation. Die Zerlegung

$$V_\ell = \sum_{(a,b)\in V} e_{\tilde{\chi}_{a,b}} \cdot V_\ell$$

über ein Vertretersystem V wie in Satz 1.2 wird demnach von f respektiert, sodass wir aus obiger Determinantendarstellung von $Z_{\mathfrak{p}}(U)$ die Produktformel

$$Z_{\mathfrak{p}}(U) = \Big(\prod_{(a,b)\in V} \det(1-f\cdot U \mid e_{\tilde{\chi}_{a,b}} \cdot V_\ell)\Big)/((1-U)(1-qU))$$

erhalten, deren Zählerfaktoren dann (vgl. [W2], V.) weiter in ein Produkt von L-Funktionen zerfallen gemäss

$$\det(1-f\cdot U \mid e_{\tilde{\chi}_{a,b}} \cdot V_\ell) = \prod_{\chi \in \tilde{\chi}_{a,b}} L_\chi(U)$$

mit

$$\log L_\chi(U) = -m^{-2} \sum_{\nu=1}^{\infty} \sum_{(j,k)\in\Gamma_m} \chi(j,k)^{-1}\, \mathrm{Spur}(\overline{\lambda}_{j,k}\circ f^\nu | V_\ell) \frac{U^\nu}{\nu} .$$

Die Aufspaltung von $Z_{\mathfrak{p}}(U)$ in das Produkt der $L_\chi(U)$ entspricht bei Interpretation von $Z_{\mathfrak{p}}(N\mathfrak{p}^{-s})$ als Zetafunktion des Funktionenkörpers $\mathfrak{K}$ der Kurve $\overline{F}$ die Produktzerlegung in die Artinschen L-Funktionen zu den Charakteren $\chi_{a,b}$ der Galois-Gruppe $\Gamma_m \lesssim \mathrm{Aut}(\mathfrak{K})$, wie sie von Hasse [H] durchgeführt wurde. In [W3] und in [H] wurden die L-Funktionen $L_{a,b}(U) := L_{\chi_{a,b}}(U)$ bestimmt. Mit den Bezeichnungen aus I.4 gilt:

$$L_{a,b}(U) = 1-\omega_{a,b}(\mathfrak{p})\cdot U \quad ,$$

also

$$\det(1-f\cdot U|e_{\tilde{\chi}_{a,b}}\cdot V_\ell) = \prod_{\substack{t \bmod m_{a,b}\\ (t,m_{a,b})=1}} (1-\omega_{a,b}(\mathfrak{p})^{\sigma_t}\cdot U) \quad .$$

Wegen der kanonischen Isomorphie

$$e_{\tilde{\chi}_{a,b}}\cdot V_\ell(J(m)) \simeq V_\ell(A_{a,b})$$

und da der Frobenius-Endomorphismus f auf $\overline{A}_{a,b}$ nach [S-T], 18.4 stets von der Form

$$f = \overline{\Theta}_{a,b}(\tilde{\psi}_{a,b}(\mathfrak{p})) \in \mathrm{End}(V_\ell(\overline{A}_{a,b}))$$

ist, gilt auch

$$\det(1-f\cdot U|e_{\tilde{\chi}_{a,b}}\cdot V_\ell) = \prod_t (1-\tilde{\psi}_{a,b}(\mathfrak{p})^{\sigma_t}\cdot U) \quad .$$

Also haben wir gezeigt:

Satz 2.1: Jede der CM-Varietäten $(A_{a,b},\Theta_{a,b})$ hat als zugehörigen Grössencharakter die Jacobisumme $\omega_{a,b}$.

Nun können wir genaueres über den weiteren Zerfall der $A_{a,b}$ sagen. Etwas schärfer als in [Schm3] gilt :

Satz 2.2: Seien $a,b \bmod m$ gegeben mit $a,b,a+b \not\equiv 0(m)$. Ferner sei

$$W_{a,b} := \{t \in (\mathbb{Z}/m_{a,b}\mathbb{Z})^\times \; ; \; t\cdot\mathcal{H}_{a,b} = \mathcal{H}_{a,b}\} \quad .$$

Die kleinste Erweiterung $M_{a,b}/\mathbb{Q}^{(m)}$, über der $A_{a,b}$ isogen in ein Produkt $B\times\ldots\times B$ für eine einfache Abelsche Varietät B zerfällt, ist die durch die Strahlklassencharaktere

$$\chi_{a,b;t}(\mathfrak{p}) := \omega_{a,b}(\mathfrak{p})/\omega_{ta,tb}(\mathfrak{p}) \quad \text{mit} \quad t \in W_{a,b}$$

definierte Abelsche Erweiterung von $\mathbb{Q}^{(m)}$.

Beweis. Man wende II. Kor. 3.7 an.

Nach [D2], Theor. 7.18 ist jede Kummer-Erweiterung $M_{\underline{a}}/\mathbb{Q}^{(m)}$ zu einem Strahlklassencharakter der Form

$$\chi_{\underline{a}}(\mathfrak{p}) = \prod_{x \bmod m} \tau_x(\mathfrak{p})^{a_x} \in \mathfrak{I}_o(\mathbb{Q}^{(m)})$$

(vgl. I.4) erzeugt durch das analog gebildete Produkt von Werten der Γ-Funktion bei rationalen Argumenten

$$\Omega_{\underline{a}} := \prod_{x \bmod m} \Gamma(< x/m >)^{a_x} \quad ,$$

und ein Frobenius-Automorphismus $\sigma_{\mathfrak{p}}$ operiert gemäss

$$\sigma_{\mathfrak{p}}(\Omega_{\underline{a}}) = \chi_{\underline{a}}(\mathfrak{p})\cdot\Omega_{\underline{a}} \quad .$$

Setzen wir für $a,b \bmod m$ wie in Satz 2.2

$$\Omega(a,b) := \Gamma(< a/m >)\cdot\Gamma(< b/m >)/\Gamma(< (a+b)/m >) \quad ,$$

so besagt dies

Korollar 2.3: Der Zerfallskörper $M_{a,b}$ in Satz 2.2 ist gegeben durch

$$M_{a,b} = \mathbb{Q}^{(m)}(\Omega(a,b)/\Omega(ta,tb) \; ; \; t \in W_{a,b}) \quad .$$

Korollar 2.4 : Für $(m,6) = 1$ gilt $M_{a,b} = \mathbb{Q}^{(m)}$ für alle a,b, sodass $J(m)$ bereits über $\mathbb{Q}^{(m)}$ isogen in einfache Faktoren zerfällt.

Beweis. Nach [Ko-Ro] sind für $(m,6) = 1$ die einzigen nicht einfachen $A_{a,b}$ gegeben durch $(a,b) = (m/d,\eta m/d)$ mit

$$1+\eta+\eta^2 \equiv 0(d) \quad , \; d \mid m \quad \text{oder} \tag{1}$$

$$\eta^2 \equiv 1(d) \; , \; \eta \not\equiv \pm 1(d) \quad , \quad d \mid m \quad . \tag{2}$$

In beiden Fällen ergibt sich ferner $W_{a,b} = \{1,\eta,\eta^2\}$.

Fall (1) : $\qquad \omega_{a,b}(\mathfrak{p}) = \tau_{m/d}(\mathfrak{p})\cdot\tau_{\eta m/d}(\mathfrak{p})/\tau_{(1+\eta)m/d}(\mathfrak{p}) \quad .$

Wegen $\tau_x(\mathfrak{p})\cdot\tau_{-x}(\mathfrak{p}) = (-1/\mathfrak{p})_m^x\cdot N\mathfrak{p}$ und $m \equiv 1(2)$ ist

$$\tau_{(1+\eta)m/d}(\mathfrak{p})^{-1} = \tau_{\eta^2 m/d}(\mathfrak{p})\cdot N\mathfrak{p}^{-1} \quad ,$$

also

$$\omega_{a,b}(\mathfrak{p}) = \tau_{m/d}(\mathfrak{p})\cdot\tau_{\eta m/d}(\mathfrak{p})\cdot\tau_{\eta^2 m/d}(\mathfrak{p})/N\mathfrak{p} \quad ,$$

und somit ist aus Symmetriegründen $\chi_{a,b;\eta}{}^i = 1$ für $i = 1,2$.
Fall (2) : Wie in Fall (1) folgt

$$\omega_{a,b}(\mathfrak{p}) = \tau_{m/d}(\mathfrak{p})\cdot\tau_{\eta m/d}(\mathfrak{p})\cdot\tau_{-(1+\eta)m/d}(\mathfrak{p})/N\mathfrak{p} \quad .$$

Wegen

$$\eta\cdot\{m/d, \eta\cdot m/d, -(1+\eta)m/d\} = \{m/d, \eta\cdot m/d, -(1+\eta)m/d\}$$

folgt wieder aus Symmetriegründen die Trivialität von $\chi_{a,b;\eta}$ und damit die Behauptung des Korollars.

3. Geometrische Kummer-Jacobi-Relationen

Nach Kor. 1.6 lassen sich für $K = \mathbb{Q}^{(m)}$ die Kummer-Jacobi-Relationen

$$\mathfrak{a}^\delta \in \mathbb{H}_K \quad \text{für alle} \quad \mathfrak{a} \in \mathbb{D}_K \ , \quad \delta \in S_K$$

sämtlich mit der Existenz gewisser CM-Varietäten begründen, die (zusammen mit ihrer komplexen Multiplikation) über K definiert sind. Dies wirft eine Reihe von (nach wie vor ungelösten) Fragen auf :

1. Lässt sich S_K dadurch zu einem $\check{S}_K$ echt vergrössern, dass man weitere CM-Varietäten über K findet und den Unendlichtyp von deren Grössencharakteren zu S_K hinzufügt ? Oder bei umgekehrten Erwartungen

2. Ist S_K das Erzeugnis der Unendlichtypen aller K-wertigen Grössencharaktere zu CM-Varietäten, die über K definiert sind ?

3. Gibt es eine CM-Varietät über K mit komplexer Multiplikation mit einen Teilkörper von K , die über $\mathbb{C}$ nicht isogen zu einem CM-Faktor der Fermat-Jacobischen J(m) wird ?

4. Was sind die Quotienten $\mathbb{Z}[G]^-/\check{S}_K^-$, $\check{S}_K/S_K$, $\mathrm{Ann}_{\mathbb{Z}[G]}(\mathcal{L})^-/\check{S}_K^-$?

Wir wollen im folgenden für eine Primzahl $p > 2$ und $K = \mathbb{Q}^{(p)}$ bzw. $\mathbb{Q}^{(p^n)}$ einige Aspekte dieser Fragen diskutieren.

<u>Satz 3.1</u>: <u>Sei</u> C <u>eine projektive, glatte, irreduzible Kurve über</u> $\mathbb{Q}$ <u>vom Geschlecht</u>

$g = (p-1)/2$ für $p > 3$ mit $\mathbb{Z}/p\mathbb{Z} \lesssim \mathrm{Aut}(C)$. Dann hat die Jacobische $J(C)$ komplexe Multiplikation mit $\mathbb{Q}^{(p)}$ und ist über $\overline{\mathbb{Q}}$ isogen zu einem Faktor der Fermat-Jacobischen $J(p)$. Insbesondere gilt für den CM-Typ (K,H) von $J(C)$:

$$s(H^{-1}) \in S_K \quad ,$$

d. h. auf diesem Wege sind keine neuen Kummer-Jacobi-Relationen zu erwarten.

Beweis. Sei $F = \overline{\mathbb{Q}}(C)$ der Funktionenkörper von C über $\overline{\mathbb{Q}}$ und $\mathcal{R} = F^Z$ der Fixkörper der Automorphismengruppe $Z \leq \mathrm{Aut}(F)$ mit $Z \simeq \mathbb{Z}/p\mathbb{Z}$. Die Hurwitzsche Relativgeschlechtsformel der Erweiterung $F/\mathcal{R}$

$$2(p-1)/2-2 = p(2\cdot g(\mathcal{R})-2)+r(p-1)$$

liefert für das Geschlecht von $\mathcal{R}$ $g(\mathcal{R}) = 0$ und für die Anzahl der verzweigten Primstellen $r = 3$. Demnach ist $\mathcal{R}$ ein rationaler Funktionenkörper $\overline{\mathbb{Q}}(x)$ und $F = \overline{\mathbb{Q}}(x,y)$ eine Kummer-Erweiterung von $\overline{\mathbb{Q}}(x)$, wobei o.B.d.A.

$$y^p = \prod_{i=1}^{s} (x-a_i)^{\nu_i} \quad \text{mit} \quad a_i \in \overline{\mathbb{Q}}, \ 1 \leq \nu_i \leq p-1$$

ist. Durch einen Automorphismus von $\mathcal{R}$ können wir x so abändern, dass die drei in $F/\mathcal{R}$ verzweigten Primstellen gerade die Zähler- und Nennerprimdivisoren von x und $x-1$ sind, sodass die definierende Gleichung von der Form

$$y^p = x^\nu(1-x)^\mu \quad \text{mit} \quad 1 \leq \nu,\mu \leq p-1$$

ist. Falls nötig, erreichen wir durch die Transformation $y \longmapsto x(1-x)/y$ stets, dass $\nu+\mu < p$ ist, da der Fall $\nu+\mu = p$ zu einer Erzeugung der Form $y^p = (x/(1-x))^\nu$ mit genau zwei verzweigten Stellen im Widerspruch zur Voraussetzung führt. Nach [Ro2] hat die Jacobische $J_{\nu,\mu}$ der Kurve

$$C_{\nu,\mu} : Y^p = X^\nu (1-X)^\mu \quad \text{für} \quad 0 < \nu,\mu,\nu+\mu < p$$

komplexe Multiplikation mit K vom Typ $H_{-\nu,-\mu}$ mit den Bezeichnungen von VI.1 Lemma 1.3, also auch $J(C)$. Mit Satz 1.5 und Kor. 1.6 folgt dann die Behauptung.

Eine teilweise Antwort auf die 4. Frage für $K = \mathbb{Q}^{(p)}$ können wir aus dem von Ribet [R1] verschärften Kummer-Kriterium leicht ableiten. Dazu sei $\mathcal{L}[p]$ die Gruppe der Divisorenklassen von K der Ordnung p, und ω sei die erste Approximation des Teichmüller-Charakters, d. h.

$$\omega(\sigma_x) = x \quad \text{für} \quad x \in (\mathbb{Z}/p\mathbb{Z})^\times \quad .$$

Dann zerfällt $\mathcal{L}[p]$ als $\mathbb{F}_p[G]$-Modul direkt in die Eigenräume

$$\mathcal{L}[p]^{(i)} = \{c \in \mathcal{L}[p] \; ; \; c^{\sigma} = c^{\omega^i(\sigma)} \quad \text{für} \quad \sigma \in G\} \quad .$$

Das Kummer-Ribet-Kriterium besagt für ungerade i $(3 \leq i \leq p-2)$, dass $\mathcal{L}[p]^{(i)} \neq 0$ ist genau dann, wenn p die Bernoulli-Zahl B_{p-i} teilt. Mit dem Idempotent

$$e_i := - \sum_{x=1}^{p-1} x^{p-1-i} \sigma_x \in \mathbb{F}_p[G]$$

folgt leicht

$$e_i \cdot (S_K \otimes \mathbb{F}_p) = (\frac{1}{p} \sum_{x=1}^{p-1} x \cdot \omega^i(\sigma_x^{-1})) \cdot \mathbb{F}_p \cdot e_i \quad .$$

Wegen der bekannten Kongruenz für die verallgemeinerten Bernoulli-Zahlen B_{1,ω^i}

$$B_{1,\omega^{p-1-i}} = \sum_x \frac{x}{p} \, \omega^{p-1-i} \equiv B_{p-i}/(p-i) \bmod p$$

besagt demnach das Kummer-Ribet-Kriterium :

$$\operatorname{Ann}_{e_i \mathbb{F}_p[G]}(\mathcal{L}[p]^{(i)}) = e_i \cdot (S_K \otimes \mathbb{F}_p) \quad .$$

Damit haben wir gezeigt :

<u>Proposition 3.2:</u> <u>Die</u> <u>p-Torsion des</u> <u>(-1)-Eigenraums der Klassengruppe von</u> $\mathbb{Q}^{(p)}$ <u>hat den Annullator</u>

$$\operatorname{Ann}_{\mathbb{F}_p[G]^-}(\mathcal{L}[p]^-) = S_K^- \otimes \mathbb{F}_p \quad .$$

<u>Insbesondere ist dann</u>

$$\check{S}_K^- \otimes \mathbb{F}_p = S_K^- \otimes \mathbb{F}_p \quad .$$

Sehr genaue Information über die Natur des Ideals S_K innerhalb $\operatorname{Ann}_{\mathbb{Z}[G]}(\mathcal{L})$ erhalten wir aus [M-Wi]. So ist zum Beispiel für $K = \mathbb{Q}^{(p^n)}$ mit $n \in \mathbb{N}$ das p-adische Stickelberger-Ideal $S_K^- \otimes \mathbb{Z}_p$ gleich dem Fitting-Ideal der p-Klassengruppe $\mathcal{L}^-_{(p)}$ von K, aufgefasst als $\mathbb{Z}_p[G(K/\mathbb{Q})]$-Modul. Es scheint mir allerdings sehr schwierig zu sein, dies etwa zur Beantwortung einer p-adischen Version der 4. Frage auszunutzen.

LITERATURVERZEICHNIS

[B] Buhler, J.P. : Icosahedral Galois Representations. Lecture Notes in Math. 654, Berlin-Heidelberg-New York : Springer 1978.

[C] Chow, W.-L. : The Jacobian Variety of an Algebraic Curve, Amer. J. Math. 76, 453-476 (1953).

[D1] Deligne, P. : Valeurs de fonctions L et périodes d'intégrales. Proc. Symp. Pure Math. 33, 313-346 (1979).

[D2] Deligne, P. : Hodge Cycles on Abelian Varieties. Lecture Notes in Math. 900, Berlin-Heidelberg-New York : Springer 1982.

[G] Gross, B.H. : Arithmetic on Elliptic Curves with Complex Multiplication. Lecture Notes in Math. 776, Berlin-Heidelberg-New York : Springer 1980.

[G-Ro] Gross, B.H., Rohrlich, D.E. : Some Results on the Mordell-Weil Group of the Jacobian of the Fermat Curve. Invent. Math. 44, 201-224 (1978).

[H] Hasse, H. : Zetafunktionen und L-Funktionen zu einem arithmetischen Funktionenkörper vom Fermatschen Typ. Abh. Deutsch. Akad. Wiss. Berlin, Kl. Math.-Nat. 1954, Heft 4, Berlin 1955.

[I1] Iwasawa, K. : Some Remarks on Hecke Characters. Alg. Numb. Theor. Int. Symp. Kyoto 1976, Jap. Soc. Prom. Sci. Tokyo 1977.

[I2] Iwasawa, K. : On $\mathbb{Z}_\ell$ -Extensions of Algebraic Number Fields, Ann. of Math. 98, 246-326 (1973).

[Ko-Ro] Koblitz, N. Rohrlich, D.E. : Simple Factors in the Jacobian of a Fermat Curve. Can. J. Math. 30, 1183-1205 (1978).

[K] Kubert, D.S. : Jacobi Sums and Hecke Characters. (erscheint demnächst).

[Ku] Kubota, T. : On the Field Extensions by Complex Multiplication. Trans. Amer. Math. Soc. 118, 113-122 (1965).

[L] Leopoldt, H.-W. Zur Arithmetik in Abelschen Zahlkörpern. J. reine angew. Math. 209, 54-71 (1962).

[M-Wi] Mazur, B., Wiles, A. : Class fields of Abelian Extensions over $\mathbb{Q}$. (erscheint demnächst).

[P] Pohlmann, H. : Algebraic Cycles on Abelian Varieties of Complex Multiplication Type. Ann. of Math. 88, 161-180 (1968).

[R1] Ribet, K.A. : A Modular Construction of Unramified p-Extensions of $\mathbb{Q}(\mu_p)$. Invent. Math. 34, 151-162 (1976).

[R2] Ribet, K.A. : Division Fields of Abelian Varieties with Complex Multiplication. Bull. Soc. Math. France 108, Mém. 2, 75-94 (1980).

[Ro1] Rohrlich, D.E. : Galois Conjugacy of Unramified Twists of Hecke Characters. Duke Math. J. 47, 695-703 (1980).

[Ro2] Rohrlich, D.E. : The Periods of the Fermat Curve. Appendix zu Gross, B.H. : On the Periods of Abelian Integrals and a Formula of Chowla and Selberg. Invent. Math. 45, 193-211 (1978).

[Scha] Schappacher, N. : Zur Existenz einfacher Abelscher Varietäten mit komplexer Multiplikation. J. reine angew. Math. 292, 186-190 (1977).

[Schm1] Schmidt, C.-G. Die Relationen von Gaussschen Summen und Kreiseinheiten. Arch. Math. 31, 457-463 (1978).

[Schm2] Schmidt, C.-G. : Über die Führer von Gaussschen Summen als Grössencharaktere. J. Numb. Th. 12, 283-310 (1980).

[Schm3] Schmidt, C.-G. : Der Definitionskörper für den Zerfall einer Abelschen Varietät mit komplexer Multiplikation. Math. Ann. 254, 201-210 (1980).

[S1] Shimura, G. : On the Class-Fields Obtained by Complex Multiplication of Abelian Varieties. Osaka Math. J. 14, 33-44 (1962).

[S2] Shimura, G. : On canonical Models of Arithmetic Quotients of Bounded Symmetric Domains. Ann. of Math. 91, 144-222 (1970).

[S3] Shimura, G. : Introduction to the Arithmetic Theory of Automorphic Functions. Publ. Math. Soc. Japan 11, Tokyo-Princeton 1971.

[S4] Shimura, G. : On the Zeta-Function of an Abelian Variety with Complex Multiplication. Ann. of Math. 94, 504-533 (1971).

[S5] Shimura, G. : On Abelian Varieties with Complex Multiplication. Proc. London Math. Soc. 34, 65-86 (1977).

[S-T] Shimura, G., Taniyama, Y. : Complex Multiplication of Abelian Varieties and its Applications to Number Theory. Publ. Math. Soc. Japan 6, Tokyo 1961.

[Sh] Shioda, T. : The Hodge Conjecture for Fermat Varieties. Math. Ann. 245, 175-184 (1979).

[Si] Sinnott, W. : On the Stickelberger Ideal and the Circular Units of an Abelian Field. Invent. Math. 62, 181-234 (1980).

[T] Tate, J. : Algebraic Cycles and Poles of Zeta Functions. Arithmetical Algebraic Geometry, Proc. Purdue Univ. 1963, 93-110, New York : Harper and Row 1965.

[W1] Weil, A. : Variétés abéliennes et courbes algébriques. Paris : Hermann 1948.

[W2] Weil, A. : Sur les courbes algébriques et les variétés qui s'en déduisent. Paris : Hermann 1948.

[W3] Weil, A. : Jacobi Sums as "Grössencharaktere". Trans. Amer. Math. Soc. 73, 487-495 (1952).

[W4] Weil, A. : On a Certain Type of Characters of the Idèle-Class Group of an Algebraic Number Field. Proc. Int. Symp. Alg. Number Theor., 1-7, Tokyo-Nikko 1955.

[W5] Weil, A. : The Field of Definition of a Variety. Amer. J. Math. 78, 509-524 (1956).

[W6] Weil, A. : Sommes de Jacobi et caractères de Hecke. Nachr. Akad. Wiss. Göttingen, Math.-Phys. Kl. 1-14 (1974).

NAMEN- UND SACHVERZEICHNIS

SYMBOLVERZEICHNIS

Vol. 926: Geometric Techniques in Gauge Theories. Proceedings, 1981. Edited by R. Martini and E.M.de Jager. IX, 219 pages. 1982.

Vol. 927: Y. Z. Flicker, The Trace Formula and Base Change for GL (3). XII, 204 pages. 1982.

Vol. 928: Probability Measures on Groups. Proceedings 1981. Edited by H. Heyer. X, 477 pages. 1982.

Vol. 929: Ecole d'Été de Probabilités de Saint-Flour X - 1980. Proceedings, 1980. Edited by P.L. Hennequin. X, 313 pages. 1982.

Vol. 930: P. Berthelot, L. Breen, et W. Messing, Théorie de Dieudonné Cristalline II. XI, 261 pages. 1982.

Vol. 931: D.M. Arnold, Finite Rank Torsion Free Abelian Groups and Rings. VII, 191 pages. 1982.

Vol. 932: Analytic Theory of Continued Fractions. Proceedings, 1981. Edited by W.B. Jones, W.J. Thron, and H. Waadeland. VI, 240 pages. 1982.

Vol. 933: Lie Algebras and Related Topics. Proceedings, 1981. Edited by D. Winter. VI, 236 pages. 1982.

Vol. 934: M. Sakai, Quadrature Domains. IV, 133 pages. 1982.

Vol. 935: R. Sot, Simple Morphisms in Algebraic Geometry. IV, 146 pages. 1982.

Vol. 936: S.M. Khaleelulla, Counterexamples in Topological Vector Spaces. XXI, 179 pages. 1982.

Vol. 937: E. Combet, Intégrales Exponentielles. VIII, 114 pages. 1982.

Vol. 938: Number Theory. Proceedings, 1981. Edited by K. Alladi. IX, 177 pages. 1982.

Vol. 939: Martingale Theory in Harmonic Analysis and Banach Spaces. Proceedings, 1981. Edited by J.-A. Chao and W.A. Woyczyński. VIII, 225 pages. 1982.

Vol. 940: S. Shelah, Proper Forcing. XXIX, 496 pages. 1982.

Vol. 941: A. Legrand, Homotopie des Espaces de Sections. VII, 132 pages. 1982.

Vol. 942: Theory and Applications of Singular Perturbations. Proceedings, 1981. Edited by W. Eckhaus and E.M. de Jager. V, 363 pages. 1982.

Vol. 943: V. Ancona, G. Tomassini, Modifications Analytiques. IV, 120 pages. 1982.

Vol. 944: Representations of Algebras. Workshop Proceedings, 1980. Edited by M. Auslander and E. Lluis. V, 258 pages. 1982.

Vol. 945: Measure Theory. Oberwolfach 1981, Proceedings. Edited by D. Kölzow and D. Maharam-Stone. XV, 431 pages. 1982.

Vol. 946: N. Spaltenstein, Classes Unipotentes et Sous-groupes de Borel. IX, 259 pages. 1982.

Vol. 947: Algebraic Threefolds. Proceedings, 1981. Edited by A. Conte. VII, 315 pages. 1982.

Vol. 948: Functional Analysis. Proceedings, 1981. Edited by D. Butković, H. Kraljević, and S. Kurepa. X, 239 pages. 1982.

Vol. 949: Harmonic Maps. Proceedings, 1980. Edited by R.J. Knill, M. Kalka and H.C.J. Sealey. V, 158 pages. 1982.

Vol. 950: Complex Analysis. Proceedings, 1980. Edited by J. Eells. IV, 428 pages. 1982.

Vol. 951: Advances in Non-Commutative Ring Theory. Proceedings, 1981. Edited by P.J. Fleury. V, 142 pages. 1982.

Vol. 952: Combinatorial Mathematics IX. Proceedings, 1981. Edited by E. Billington, S. Oates-Williams, and A.P. Street. XI, 443 pages. 1982.

Vol. 953: Iterative Solution of Nonlinear Systems of Equations. Proceedings, 1982. Edited by R. Ansorge, Th. Meis, and W. Törnig. VII, 202 pages. 1982.

Vol. 954: S.G. Pandit, S.G. Deo, Differential Systems Involving Impulses. VII, 102 pages. 1982.

Vol. 955: G. Gierz, Bundles of Topological Vector Spaces and Their Duality. IV, 296 pages. 1982.

Vol. 956: Group Actions and Vector Fields. Proceedings, 1981. Edited by J.B. Carrell. V, 144 pages. 1982.

Vol. 957: Differential Equations. Proceedings, 1981. Edited by D.G. de Figueiredo. VIII, 301 pages. 1982.

Vol. 958: F.R. Beyl, J. Tappe, Group Extensions, Representations, and the Schur Multiplicator. IV, 278 pages. 1982.

Vol. 959: Géométrie Algébrique Réelle et Formes Quadratiques, Proceedings, 1981. Edité par J.-L. Colliot-Thélène, M. Coste, L. Mahé, et M.-F. Roy. X, 458 pages. 1982.

Vol. 960: Multigrid Methods. Proceedings, 1981. Edited by W. Hackbusch and U. Trottenberg. VII, 652 pages. 1982.

Vol. 961: Algebraic Geometry. Proceedings, 1981. Edited by J.M. Aroca, R. Buchweitz, M. Giusti, and M. Merle. X, 500 pages. 1982.

Vol. 962: Category Theory. Proceedings, 1981. Edited by K.H. Kamps, D. Pumplün, and W. Tholen, XV, 322 pages. 1982.

Vol. 963: R. Nottrot, Optimal Processes on Manifolds. VI, 124 pages. 1982.

Vol. 964: Ordinary and Partial Differential Equations. Proceedings, 1982. Edited by W.N. Everitt and B.D. Sleeman. XVIII, 726 pages. 1982.

Vol. 965: Topics in Numerical Analysis. Proceedings, 1981. Edited by P.R. Turner. IX, 202 pages. 1982.

Vol. 966: Algebraic K-Theory. Proceedings, 1980, Part I. Edited by R.K. Dennis. VIII, 407 pages. 1982.

Vol. 967: Algebraic K-Theory. Proceedings, 1980. Part II. VIII, 409 pages. 1982.

Vol. 968: Numerical Integration of Differential Equations and Large Linear Systems. Proceedings, 1980. Edited by J. Hinze. VI, 412 pages. 1982.

Vol. 969: Combinatorial Theory. Proceedings, 1982. Edited by D. Jungnickel and K. Vedder. V, 326 pages. 1982.

Vol. 970: Twistor Geometry and Non-Linear Systems. Proceedings, 1980. Edited by H.-D. Doebner and T.D. Palev. V, 216 pages. 1982.

Vol. 971: Kleinian Groups and Related Topics. Proceedings, 1981. Edited by D.M. Gallo and R.M. Porter. V, 117 pages. 1983.

Vol. 972: Nonlinear Filtering and Stochastic Control. Proceedings, 1981. Edited by S.K. Mitter and A. Moro. VIII, 297 pages. 1983.

Vol. 973: Matrix Pencils. Proceedings, 1982. Edited by B. Kågström and A. Ruhe. XI, 293 pages. 1983.

Vol. 974: A. Draux, Polynômes Orthogonaux Formels - Applications. VI, 625 pages. 1983.

Vol. 975: Radical Banach Algebras and Automatic Continuity. Proceedings, 1981. Edited by J.M. Bachar, W.G. Bade, P.C. Curtis Jr., H.G. Dales and M.P. Thomas. VIII, 470 pages. 1983.

Vol. 976: X. Fernique, P.W. Millar, D.W. Stroock, M. Weber, Ecole d'Eté de Probabilités de Saint-Flour XI - 1981. Edited by P.L. Hennequin. XI, 465 pages. 1983.

Vol. 977: T. Parthasarathy, On Global Univalence Theorems. VIII, 106 pages. 1983.

Vol. 978: J. Ławrynowicz, J. Krzyż, Quasiconformal Mappings in the Plane. VI, 177 pages. 1983.

Vol. 979: Mathematical Theories of Optimization. Proceedings, 1981. Edited by J.P. Cecconi and T. Zolezzi. V, 268 pages. 1983.

Vol. 980: L. Breen. Fonctions thêta et théorème du cube. XIII, 115 pages. 1983.

Vol. 981: Value Distribution Theory. Proceedings, 1981. Edited by I. Laine and S. Rickman. VIII, 245 pages. 1983.

Vol. 982: Stability Problems for Stochastic Models. Proceedings, 1982. Edited by V. V. Kalashnikov and V. M. Zolotarev. XVII, 295 pages. 1983.

Vol. 983: Nonstandard Analysis-Recent Developments. Edited by A.E. Hurd. V, 213 pages. 1983.

Vol. 984: A. Bove, J. E. Lewis, C. Parenti, Propagation of Singularities for Fuchsian Operators. IV, 161 pages. 1983.

Vol. 985: Asymptotic Analysis II. Edited by F. Verhulst. VI, 497 pages. 1983.

Vol. 986: Séminaire de Probabilités XVII 1981/82. Proceedings. Edited by J. Azéma and M. Yor. V, 512 pages. 1983.

Vol. 987: C. J. Bushnell, A. Fröhlich, Gauss Sums and p-adic Division Algebras. XI, 187 pages. 1983.

Vol. 988: J. Schwermer, Kohomologie arithmetisch definierter Gruppen und Eisensteinreihen. III, 170 pages. 1983.

Vol. 989: A. B. Mingarelli, Volterra-Stieltjes Integral Equations and Generalized Ordinary Differential Expressions. XIV, 318 pages. 1983.

Vol. 990: Probability in Banach Spaces IV. Proceedings, 1982. Edited by A. Beck and K. Jacobs. V, 234 pages. 1983.

Vol. 991: Banach Space Theory and its Applications. Proceedings, 1981. Edited by A. Pietsch, N. Popa and I. Singer. X, 302 pages. 1983.

Vol. 992: Harmonic Analysis, Proceedings, 1982. Edited by G. Mauceri, F. Ricci and G. Weiss. X, 449 pages. 1983.

Vol. 993: R. D. Bourgin, Geometric Aspects of Convex Sets with the Radon-Nikodým Property. XII, 474 pages. 1983.

Vol. 994: J.-L. Journé, Calderón-Zygmund Operators, Pseudo-Differential Operators and the Cauchy Integral of Calderón. VI, 129 pages. 1983.

Vol. 995: Banach Spaces, Harmonic Analysis, and Probability Theory. Proceedings, 1980–1981. Edited by R.C. Blei and S.J. Sidney. V, 173 pages. 1983.

Vol. 996: Invariant Theory. Proceedings, 1982. Edited by F. Gherardelli. V, 159 pages. 1983.

Vol. 997: Algebraic Geometry – Open Problems. Edited by C. Ciliberto, F. Ghione and F. Orecchia. VIII, 411 pages. 1983.

Vol. 998: Recent Developments in the Algebraic, Analytical, and Topological Theory of Semigroups. Proceedings, 1981. Edited by K.H. Hofmann, H. Jürgensen and H. J. Weinert. VI, 486 pages. 1983.

Vol. 999: C. Preston, Iterates of Maps on an Interval. VII, 205 pages. 1983.

Vol. 1000: H. Hopf, Differential Geometry in the Large. VII, 184 pages. 1983.

Vol. 1001: D.A. Hejhal, The Selberg Trace Formula for PSL(2, ℝ). Volume 2. VIII, 806 pages. 1983.

Vol. 1002: A. Edrei, E.B. Saff, R.S. Varga, Zeros of Sections of Power Series. VIII, 115 pages. 1983.

Vol. 1003: J. Schmets, Spaces of Vector-Valued Continuous Functions. VI, 117 pages. 1983.

Vol. 1004: Universal Algebra and Lattice Theory. Proceedings, 1982. Edited by R. S. Freese and O. C. Garcia. VI, 308 pages. 1983.

Vol. 1005: Numerical Methods. Proceedings, 1982. Edited by V. Pereyra and A. Reinoza. V, 296 pages. 1983.

Vol. 1006: Abelian Group Theory. Proceedings, 1982/83. Edited by R. Göbel, L. Lady and A. Mader. XVI, 771 pages. 1983.

Vol. 1007: Geometric Dynamics. Proceedings, 1981. Edited by J. Palis Jr. IX, 827 pages. 1983.

Vol. 1008: Algebraic Geometry. Proceedings, 1981. Edited by J. Dolgachev. V, 138 pages. 1983.

Vol. 1009: T. A. Chapman, Controlled Simple Homotopy Theory and Applications. III, 94 pages. 1983.

Vol. 1010: J.-E. Dies, Chaînes de Markov sur les permutations. IX, 226 pages. 1983.

Vol. 1011: J.M. Sigal. Scattering Theory for Many-Body Quantum Mechanical Systems. IV, 132 pages. 1983.

Vol. 1012: S. Kantorovitz, Spectral Theory of Banach Space Operators. V, 179 pages. 1983.

Vol. 1013: Complex Analysis – Fifth Romanian-Finnish Seminar. Part 1. Proceedings, 1981. Edited by C. Andreian Cazacu, N. Boboc, M. Jurchescu and I. Suciu. XX, 393 pages. 1983.

Vol. 1014: Complex Analysis – Fifth Romanian-Finnish Seminar. Part 2. Proceedings, 1981. Edited by C. Andreian Cazacu, N. Boboc, M. Jurchescu and I. Suciu. XX, 334 pages. 1983.

Vol. 1015: Equations différentielles et systèmes de Pfaff dans le champ complexe – II. Seminar. Edited by R. Gérard et J.P. Ramis. V, 411 pages. 1983.

Vol. 1016: Algebraic Geometry. Proceedings, 1982. Edited by M. Raynaud and T. Shioda. VIII, 528 pages. 1983.

Vol. 1017: Equadiff 82. Proceedings, 1982. Edited by H. W. Knobloch and K. Schmitt. XXIII, 666 pages. 1983.

Vol. 1018: Graph Theory, Łagów 1981. Proceedings, 1981. Edited by M. Borowiecki, J. W. Kennedy and M.M. Sysło. X, 289 pages. 1983.

Vol. 1019: Cabal Seminar 79–81. Proceedings, 1979–81. Edited by A. S. Kechris, D. A. Martin and Y. N. Moschovakis. V, 284 pages. 1983.

Vol. 1020: Non Commutative Harmonic Analysis and Lie Groups. Proceedings, 1982. Edited by J. Carmona and M. Vergne. V, 187 pages. 1983.

Vol. 1021: Probability Theory and Mathematical Statistics. Proceedings, 1982. Edited by K. Itô and J.V. Prokhorov. VIII, 747 pages. 1983.

Vol. 1022: G. Gentili, S. Salamon and J.-P. Vigué. Geometry Seminar "Luigi Bianchi", 1982. Edited by E. Vesentini. VI, 177 pages. 1983.

Vol. 1023: S. McAdam, Asymptotic Prime Divisors. IX, 118 pages. 1983.

Vol. 1024: Lie Group Representations I. Proceedings, 1982–1983. Edited by R. Herb, R. Lipsman and J. Rosenberg. IX, 369 pages. 1983.

Vol. 1025: D. Tanré, Homotopie Rationnelle: Modèles de Chen, Quillen, Sullivan. X, 211 pages. 1983.

Vol. 1026: W. Plesken, Group Rings of Finite Groups Over p-adic Integers. V, 151 pages. 1983.

Vol. 1027: M. Hasumi, Hardy Classes on Infinitely Connected Riemann Surfaces. XII, 280 pages. 1983.

Vol. 1028: Séminaire d'Analyse P. Lelong – P. Dolbeault – H. Skoda. Années 1981/1983. Edité par P. Lelong, P. Dolbeault et H. Skoda. VIII, 328 pages. 1983.

Vol. 1029: Séminaire d'Algèbre Paul Dubreil et Marie-Paule Malliavin. Proceedings, 1982. Edité par M.-P. Malliavin. V, 339 pages. 1983.

Vol. 1030: U. Christian, Selberg's Zeta-, L-, and Eisensteinseries. XII, 196 pages. 1983.

Vol. 1031: Dynamics and Processes. Proceedings, 1981. Edited by Ph. Blanchard and L. Streit. IX, 213 pages. 1983.

Vol. 1032: Ordinary Differential Equations and Operators. Proceedings, 1982. Edited by W. N. Everitt and R. T. Lewis. XV, 521 pages. 1983.

Vol. 1033: Measure Theory and its Applications. Proceedings, 1982. Edited by J. M. Belley, J. Dubois and P. Morales. XV, 317 pages. 1983.

Vol. 1034: J. Musielak, Orlicz Spaces and Modular Spaces. V, 222 pages. 1983.